THE SECRET LIFE OF WILD FLOWERS

野花999

黄丽锦◎著

商务印书馆
The Commercial Press

2016年·北京

【目录】

contents

与野花交朋友

对于大自然，一直有着一种难以言喻的情感，仔细回想自己的成长过程，我想那是来自于童年时美好的自然经验。小时候，妈妈常常带着我与弟弟搭火车回外婆家玩。外婆家位于桃园县的富冈，外公务农，因此农忙的时候，我们这些都市小孩也都会去帮忙。虽然说是帮忙，其实都在玩。我们在乡野农田间嬉戏，在溪边玩耍，捉小虾及螃蟹，在大自然中玩耍让我感觉十分自在而开心。

最特别的是，小学五年级时，不知为何被分配到自然实验班。这个实验班很特别，我们常常会做实验，不怎么使用自然课本。除了做实验，我们还要种菜、养毛毛虫、养鱼，并在饲养的过程中做观察及记录。

老师还规定我们每天要做四件事：

1. 每天背一首唐诗：由五言绝句开始，和邻座的同学彼此背给对方听。
2. 每天认识一句成语：每个人认领一句成语，每天轮流上台介绍自己负责的成语。
3. 每天认识一种植物：大家在外面采集路旁的植物，老师介绍这个植物的名称。
4. 剪报：将报纸上刊载有关自然科学的报道剪下来，贴在剪贴簿上，自行阅读。

虽然当时不知道老师的用意是什么，但是在那个时期所背的唐诗及成语，对于我日后的学习很有帮助。而我也在那个时期认识了平地常见的植物，并且获得了许多与自然相关的知识。虽然老师没有教我们什么与自然相处的经验，但是她为我们播下了一颗与自然接触的种子，而这颗自然种子存在我的心中，并逐渐地生根发芽茁壮成长。

自此之后，走在路上我会习惯性地东张西望，看看周边的植物朋友，并会去找寻相关的书籍来阅读，甚至会带着同学去做自然观察。虽然上大学时，我没有就读相关的专业，但童年美好的自然经验，让我与自然一直保持着联系，让我懂得去欣赏自然的一切，并在自然中获得许多正面向上的力量。

因为剪报的习惯，我在报纸的副刊中发现了荒野保护协会创会理事长徐仁修先生的文章，自此便常常留意他的作品。后来在他的书中得知荒野保护协会的成立，因此加入了"荒野"，并进而参与自然观察班及解说员训练而成为解说员，甚至有机会成为荒野保护协会的专职人员，让我更有机会把对大自然的喜爱散播出去，引领更多的人接近自然，这一切都得感谢五年级的那位导师。

植物是我最早接触的自然朋友，对于它们一直有一份难以割舍的热情，每当心情郁闷烦躁之时，到野外拜访这些植物朋友，总会给予我许多的慰藉。尤其是路旁的小花小草，特别容易吸引我的目光，也许和我习惯性低头东张西望走路有关吧！虽然它们不引人注意，甚至被视为无用的杂草而遭踩踏或清除，但它们依然能够在一方薄土之中生存下去，并绽放出美丽的花朵。这份强韧的生命力令人钦佩及感动，也是我要学习的。因此我总是爱野花胜于温室中的花朵，欣赏它们散发出来的野性美以及那份坚韧。

感谢黄一峰先生的推荐，以及大树总编辑张蕙芬女士给我这个机会，与大家分享我的观察所得。这本书是提供给喜爱植物的伙伴的入门书，许多人认识植物是从花开始的，因此便以花为题。运用多年来在野外观察所拍摄的照片，以不同的观察主题呈现，引领大家由不同的角度去欣赏野花，搭配简单的说明，没有艰涩的文字，期望大家能以轻松的方式与植物做朋友。除了欣赏它们的美之外，也能体悟它们的生存智慧。

另外，作为一个业余的自然观察者，书中所表达的大多是个人的观察，虽然在撰写的过程中，也做了查证的工作，但难免会有疏漏，尚请各位前辈批评与指教。

常会有人问我："如何认得这些植物朋友，看起来不是都一样吗？"有时候会半开玩笑地回答："看气质。"其实认识植物就如同交朋友一样，当你与这位朋友深交之后，即使只看到他的背影，你一样可以认出他。如同卡佛所说："只要爱得够深，万物都会与你谈心。"期待大家也能透过与自然的接触，获得许多的感动以及饱满的能量。

黄丽锦

Chapter 1

我是花

THE SECRET LIFE
OF WILD FLOWERS

一花一世界

在我们的周遭，处处有植物生长着，而其中最引人注目的便是"花"，许多人认识植物，便是由花开始的。而在我们的生活中，花与我们的关系十分密切。有的人以花怡情、以花为诗文，有的人则是取花为料理、以花为饮，甚至有人以花为药。我们以花表情达意，在特殊的日子，总不免以一束馨香传达祝福及情意。看着遍地怒放的缤纷多彩野花，心情不禁轻快了起来。即使原本严肃的脸孔，也能因为花朵而展露温柔的容颜，坚硬的心也会被温柔美丽的花软化。美的事物总是能令人感到舒畅及愉悦，花也因此而成了美的代名词。

对于植物而言，花是植物的繁殖器官，担负着传宗接代的神圣任务及使命。想了解花朵的奥秘，得由一朵花开始看起。蹲下来仔细端详着路旁的小花，一朵小小的野花是由花萼、花瓣、雄蕊、雌蕊组成的。这四个部分各自有其任务，各司其职，共同为繁衍后代而努力。

花朵的最外围通常是花萼，然后依序为花瓣、雄蕊、雌蕊。植物学家称具有这四部分的花为"完全花"，缺少任何一部分的为"不完全花"。"完全"或"不完全"是人类的定义，对于花而言，最重要的是完成繁衍后代的使命。

一花一世界，由一朵花便可一窥真善美。小巧可爱的花蕊，蕴藏着许多的奥秘，等待我们去探索。

花朵的构造，由外而内依序为：花萼、花瓣、雄蕊、雌蕊。图为老鹳草。

花的侍卫——花萼

花萼是花的前哨守护卫兵，站在最外层，肩负着保护花瓣及花蕊的重责大任。在花尚未绽放之前，守护着花瓣；开放之后，则进行后援的工作。

花萼是萼片的统称，不同种类的花，前哨卫兵的数量不一。有些花的资源较为丰富，有着两层的花萼，最外层的称作副萼，就好像卫兵之中，有主将及副将之分一般，形成双重的守护。

花萼的颜色，大部分是绿色的，比较不起眼，也不容易引人注意，大家常常会忽略了萼片的存在，它们总是默默地做着护卫的工作。一般而言，花萼的质地较为坚硬，让昆虫不好啃食。为了将守护的工作做得更好，有些花萼甚至全副武装，穿着棘刺装，让人不敢靠近。

当花凋落时，大部分的花萼会跟随着花瓣一同掉落，有些则选择留守在子房旁，将对花的这份呵护，延续到花的爱之结晶——果实身上，伴随着果实成长，并且肩负协助果实传递的任务，这种现象称作"宿存"。像我们吃的草莓、茄子、石榴都可以见到与果实共存的花萼。

马鞭草科的海州常山家族，花萼会一直陪伴着果实成长，未成熟时护卫着果实，果实成熟后，花萼颜色转变成红色，蓝黑色的果实搭配着红色的花萼，形成一种特殊的色彩。

轮钟花的花萼有五片，羽状分裂，轮状生长，好像飞翔的羽翼。

各式各样的花萼

棉花的花萼，如同熊熊的火焰。

鼠尾草的花萼长筒状，并且具有绒毛。

异色线柱苣苔的线形花萼。

喜冬草波浪状淡黄色的花萼，让含苞待放的花看起来更加娇羞动人。

长白山罂粟毛茸茸的花萼，保护花蕾，让昆虫不好啃食。

悬钩子的花萼，长有棘刺，一副不好惹的样子。

蛇莓有两层花萼，具有双重的保护。

细柱西番莲的花萼，花苞时期为绿色。

花瓣及花蕊凋谢后，萼片转为红色，果实成熟时花萼才会枯萎掉落。

陪伴
果实成长
的花萼

高山蔷薇宿存的花萼，伴随着果实一起成长。

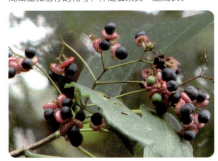

大青的花萼，在花冠凋谢后，颜色会变成红色，与成熟的蓝黑色果实搭配，形成一种特殊的色彩。

高山白珠的花冠掉落后，花萼逐渐膨大，将子房包覆住，形成一种萼果。

我们常吃的洛神花茶，其实吃的是它的花萼。

高山白珠的萼果，是山野间好吃的小野果。

花的性别——雄蕊与雌蕊

　　雄蕊是花之男士，细长的花丝上有花药，内藏无数的花粉，等待媒人来协助传递花情。雄蕊生长在花冠的内侧，生长的方式、排列的方式及数量，依植物种类的不同而有变化。花丝及花药也有许多不同的形态，运用放大镜观察会发现有趣的微观世界。

　　雌蕊是花之女士，高挑而富有黏液的柱头，连接着子房，等待接收花粉，孕育下一代。

红丝线的两枚雄蕊伸出花外，花丝具有逆生的毛，花药分别向左右生长，像两撇胡子，造型很特别。

阿里山杜鹃雄蕊有层次地排列，花药的造型像是一个个潜艇，前方有个小孔，花粉由洞口散出。

大青的花丝十分细长，几乎为花瓣的两倍，花丝上端着生紫色的花药。

台湾芙蓉的雄蕊聚集在一起，形成一个雄蕊筒。

含羞草拥有众多的雄蕊，细长的花丝辐射状伸展，形成圆球状。

皱子白花菜蓝色的花药像逗号。

新店獐牙菜的花药纵向开裂，像个大箭头。

楝有紫色的雄蕊筒，雄蕊合生在其中。

油菜花有六枚雄蕊，排列成不同的高度，中间靠近雌蕊的四枚较高，外围两枚较低，形成四长两短的形态。花药弯曲如钩。

台湾草莓的黄色花药，像一把把小扇子。

福木的雄蕊造型像是撑开手指的手掌。

叉柱花两长两短的雄蕊，彼此手牵手，形成两个蝴蝶结。

011

雌蕊

油点草的柱头三裂，每一个裂片再分为两叉，具有深色的斑点，可说是整朵花的焦点。

玉山石竹的柱头卷曲。

野菰的柱头是一个大圆柱，从这个角度看起来像是个香菇。

水东哥的柱头分裂成三叉。

大花马齿苋的柱头羽裂状，像是一把小花伞。

台湾马桑的柱头长条弯曲状。

厚皮香的柱头像个铅笔头。

猫尾草的花柱，弯曲成直角状。

独丽花有长长的花柱，柱头造型像个螺丝起子。

草海桐的花柱弯曲，柱头上有许多绒毛。

毛脉柳叶菜的柱头像火柴头。

小木通雌蕊多数，被毛茸茸的雄蕊包在里面。

花的衣裳——花冠

花冠是花瓣的统称，也是一朵花最为醒目的地方。它长在花萼的内侧，形成一轮或多轮状排列，主要的任务是保护及协助雄蕊、雌蕊完成终身大事。大而多彩的花瓣，是招蜂引蝶的最佳宣传公关，注重形象，包装花的外形，有些甚至散发着特殊气味，吸引众多生物的注意。

花朵通常最外围的构造是花萼，而介于花蕊及花萼之间的是花瓣。不过有些花的花萼及花瓣在大小形态及颜色上都很相似，分不清彼此，植物学家以"花被"来统称这样的构造。有些花甚至没有花瓣及花萼，称之为"无被花"。

猪屎豆是左右对称的蝶形花。

玉山石竹的花瓣羽裂状。

毛草龙四枚花瓣，呈放射状排列，是离瓣花。

彩叶草的唇形花冠，造型像是蓝色的高跟鞋。

各式各样的花冠

水蓑衣的花形是唇形花。

杜茎山的花冠是长筒状的钟形花。

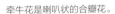

牵牛花是喇叭状的合瓣花。

锦绣杜鹃是筒状的合瓣花。

白色的络石，花冠开裂呈螺旋状排列，像是迷你的小风车。

桂花的花冠分裂成四裂，是合瓣花。

◎花瓣、花萼一家亲

山菅兰有六片蓝色的花被片。

木兰科家族的花萼及花瓣的区分不明显，统称为花被片。此为白兰。

没有花瓣及花萼的昆栏树。

番杏只有花萼，没有花瓣。

木兰科家族的辛夷，有漂亮的紫红色花被片。

016

Chapter 2

千姿百态
说造型

THE SECRET LIFE
OF WILD FLOWERS

野花的炫酷造型

宋朝的理学家王阳明曾说："你未看此花时，此花与你同归于寂，你来看此花时，则此花颜色一时明白起来。"当我们仔细端详身旁的植物，便会发现每种花具有不同的风貌。有时候降低高度，改变观察的视角，以不同的角度来看这些小花，或是远看，或是近看，或是俯视，或是仰视，再加上一些想象力，那么平凡无奇的小野花，也会变得婀娜多姿、娇艳动人。换个角度来看自然，我们会有全新不同的体验与感受。

千姿百态的花朵，变化着不同的造型，为了吸引花媒的目光，无不精心设计，为自己打扮，要以最酷最炫的造型展现最佳的风采。

展现不同舞姿的凹唇羊耳蒜。

俏丽卷发系列

野花星光大道，首先登场的是俏丽卷发三姐妹。台湾扁枝越橘、小木通、水晶兰各自梳拢着不同卷度的秀发，以亮丽奇特的造型，齐赴山林盛会。

◎水晶兰

每当行走于山林之间，偶遇水晶兰时，那晶莹剔透美丽的身形，总是令人惊艳，并引起一阵阵的赞叹。一次在高山的步道观察时，发现了这模样特别的水晶兰，娇羞下垂的花朵，梳着微微上扬的俏丽短发，搭配白中透红的水晶衣，具有清新脱俗之美。第一次在山林间看见这上了发卷的水晶兰，便被它迷惑住了，惊呼真是美呆了！

水晶兰大多生长在中海拔针叶、阔叶混合林的林下，尤其以红桧、台湾冷杉的林下最为常见。虽然名字中有"兰"，但它并不是兰花，也不是蕈类，而是一种腐生性的植物。纯白洁净的它，没有叶绿素，无法进行光合作用，而是借由生在根部的真菌菌丝为媒介，间接帮它吸取腐殖质的养分，严格说来，也算是一种寄生形式，不过与一般寄生植物直接吸取寄主植物养分的形式不太一样。

台湾山林可以见到两种水晶兰，除了水晶兰之外，还有一种阿里山水晶兰（球果假沙晶兰），生长环境与水晶兰都一样，只是全株纯白光滑，柱头是白色的，有别于水晶兰的紫色。

水晶兰

一般常见的晶莹剔透水晶兰。每年春天绽放在幽暗的山林之中，散发着光芒，为阴郁的森林点缀了明亮的色彩。

柱头是白色的阿里山水晶兰也有着大波浪的秀发。

上了发卷的粉红水晶兰。这种白里透红、有着卷发的水晶兰，生长在较高海拔的山中，等待有缘人的探访。

小木通

◎小木通

　　秋天是小木通盛开的季节，由于花蕊具有绒毛，所以也叫"毛蕊铁线莲"。看看那一头稍有卷度的秀发，甚是清丽，只要看到它，没有不被它的外形所吸引的。那上扬的卷发，其实是花萼。中间白色的部分则是雄蕊，雌蕊被包覆在其中。轻轻拨开雄蕊，便可以发现藏身其中的雌蕊。

　　随着时间的推移，这俏丽的红发会由微微的上扬，到扭曲旋转，形成大波浪的卷发，显现成熟妩媚的风情。完成授粉后，卷发自然脱落，宿存的花柱变为螺旋状排列，呈现另一种风情。

小木通一头亮红的大波浪卷，显得热情如火。这艳红色的波浪状发卷其实是花萼，中央白色毛茸茸的是雄蕊，雌蕊则被包覆在其中。每年秋天是它的花期，在中海拔的山区常会发现其可爱身影。

随着时间的推移，这俏丽的红发会由微微的上扬，到扭曲旋转，形成大波浪发卷，显现成熟妩媚的风情。

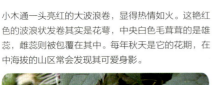

完成授粉后，发卷自然脱落，宿存的花柱呈现螺旋状排列，呈现另一种风情。

每一条羽毛状的细毛，连接着一颗果实，等待成熟后，随着风起，远扬旅行。

◎台湾扁枝越橘

　　另一位俏佳人是台湾扁枝越橘，上了发卷的花瓣，卷度就更卷了，更具有流行时尚的风味。每年的5至6月开出白中带红的小花，向上翻卷的花冠，朵朵绽放于枝条上，黄色的雄蕊露出花冠外，白色的雌蕊花柱紧紧包围，透明的花冠及反卷的裂片，如同上了发卷的小美女。纤细柔美的花姿，引人怜爱。

　　台湾扁枝越橘喜欢生长在稍有阳光的边坡上，小小的花朵悬挂在枝干上，如果不是闲散地漫步，应该不容易发现它的存在。但野花从来不为人类而美丽，它们自有自己的主张，为了自己而美丽，自顾自地生长在这一方天地之间。

台湾扁枝越橘

台湾扁枝越橘喜欢生长在稍有阳光的边坡上，小小的花朵，悬挂在枝干上。娇羞的台湾扁枝越橘反卷的花瓣，宛如上了发卷一般，清丽动人。

绒毛衣系列

皮草、毛衣是时装界不可或缺的时尚服饰。小叶火绒草一身银白色绒毛大衣，华贵雍容，宛如贵妇人般。鸡屎树轻薄的白绒衣，朴素中不失可爱。鸡屎藤穿着红艳镶着蕾丝边的毛衣，洋溢着青春的气息。

◎ 鸡屎树

台湾的鸡屎树有十多种，大多生长在森林下层半遮阴的环境。比较引人注意的是蓝色的果实，比较少有人会去留意它的花朵。花朵密集生长在叶腋，有别于鸡屎藤，鸡屎树淡雅的小白花，长得十分清秀，身上披覆着细细的短绒毛，点缀着淡紫色的花蕊，清新可人。

没有花柄的小花生长在叶腋之间，虽然被叫作"鸡屎"之名，但鸡屎树的叶子，并没有鸡屎藤那般恶臭难闻，真不知为何将它加上这样的名字？

鸡屎树淡雅的小白花，毛茸茸的花瓣点缀着淡紫色的花蕊，清新可人。

◎ 小叶火绒草

电影《音乐之声》中那生长在阿尔卑斯山上的纯洁雪绒花（Edelweiss），原来在台湾也有。它们可说是血缘相近的近亲，生长在不同的地方。居住在高山峻岭之中的小叶火绒草，想要见到它，得费尽精力才行。人们要背负着重装行囊，流下汗水，才得以见识到它们的美。

雍容华贵的它，一身银白色绒毛大衣，这绒毛十分绵密细致，让生活在高山的它可以抵挡高山的严寒，并且借此将取得不易的水分保留下来。

小叶火绒草是菊科大家族的一员，因此也有家族的特色，这一身绒毛衣便是它的总苞，中央黄绿色管状小花聚集成一个头状花序。它们常聚集生长形成一大片，看起来就好像覆盖着一层薄雪，因此在台湾被称为"薄雪草"。

小叶火绒草

小叶火绒草是独属于台湾的"雪绒花"（Edelweiss），以一身银白色绒毛大衣，抵挡高山的严寒。

居住在高山峻岭中的小叶火绒草，人们要背负着重装行囊，流下汗水，才得以见识到它们的美。〔游适诚摄〕

鸡屎藤

鸡屎藤红白相间的小花，短筒状的花冠，边缘有可爱的波浪蕾丝边，红色的花心布满细毛。

◎鸡屎藤

"鸡屎藤"的名称来自于让人畏惧的臭味，而这臭味是源自于叶片搓揉后散发出来的气味。其实鸡屎藤红白相间的小花很可爱，而且一点也不臭。短筒状的花冠，边缘有可爱的波浪蕾丝边，红色的花心布满细毛，花蕊藏在这细绒毛之中。据说这细绒毛是为了防止蚂蚁闯入偷走花蜜，不过阻隔了蚂蚁，那么谁可以吸取它的花粉来为它传情？在花丛间停留久一点，便可得到答案。

小蜂钻进花心中取食。

吸食鸡屎藤口味花蜜的小灰蝶。

蓬蓬裙系列

　　七叶一枝花以绿蓬裙搭配黄丝巾，赢得了众人的目光。华贵雍容的七叶一枝花三姐妹分别穿着绿色、红色、黄绿色的蓬裙，尽情跳着华尔兹圆舞曲。

◎七叶一枝花

　　七叶一枝花的整体造型，就像是穿着绿蓬裙、围着黄丝巾跳舞的少女，十分独特。这绿蓬裙是它的叶子，七片叶子轮生在茎条上。最顶端是它的花，绿色看似叶片的部分其实是花萼，花瓣则是黄绿色长丝状，围绕在旁，不甚醒目，颠覆了一般花瓣比花萼美的印象。黄色的雄蕊，搭配着暗红色雌蕊，是整朵花最醒目的地方。

　　台湾有三种原生的七叶一枝花，比较常见的是华重楼以及狭叶重楼。它们都生长在阴暗潮湿的森林底层或是林道的路旁。两者的差别在于狭叶重楼生活的环境海拔比较高，大约是中高海拔地区，丝状的花瓣比较细长明显。

绿色的花萼搭配着丝状的花瓣。

狭叶重楼，长丝状的花瓣更加明显。

波浪状的叶裙，更添迷人的风采。这绿蓬裙是它的叶子，七片叶子轮生在茎条上。"七"只是一个常数，有时候可以看到六片或八片叶子。

七叶一枝花以绿蓬裙搭配黄丝巾，赢得了众人的目光。〔游适诚摄〕

最朴素、花形最小的细柱西番莲。

◎西番莲三姐妹

西番莲家族包含西番莲、细柱西番莲、龙珠果，它们都是外来客，家乡在遥远的热带美洲，早期引进台湾作为观赏及食用。由于鸟类及一些小动物喜爱取食它们的果实，因此普遍生长在台湾海拔2000米以下的野地。

家族之中，西番莲就是我们熟知的百香果，花朵硕大，色彩最艳丽，整体看起来就像是高梳着三束头发，穿着华丽有层次的蓬裙，在花丛间旋转跳舞的少女，十分美丽。这有层次的裙摆，植物学家叫作"副冠"，通常长在花瓣内侧，无论是色彩或是造型，都比花冠还要抢眼，具有装饰和加强印象的效果。

色彩艳丽的百香果，看起来就像是高梳着三束头发，穿着华丽的蓬裙，在花丛间旋转跳舞的少女，十分美丽。

同一家族的花形态都很类似，不同的是蓬裙的层次以及颜色。龙珠果穿的是红白相间的蓬裙，比西番莲素净淡雅。最朴素、花形最小的则是细柱西番莲，虽然引进之后不见刻意栽培，但在台湾野地寻得一片天地，广泛地生长在低中海拔山林。近来园艺引进的葡萄叶西番莲，以一身鲜红亮丽的外形更加抢眼，相较之下，细柱西番莲就好像是小村姑，根本比不上这财大势大的千金大小姐那般艳丽夺目。不过每个人的喜好不同，我还是比较偏爱细柱西番莲的素朴可爱。

西番莲

一身鲜红、亮丽抢眼的葡萄叶西番莲。

龙珠果穿的是红白相间的蓬裙，比西番莲素净淡雅。

帽子系列

梨山乌头及台湾乌头戴着同款式而深浅不同的荷兰帽，颇有复古风。长距虾脊兰、三褶虾脊兰则是戴着大盘帽，大跳爱之舞曲。

◎ 梨山乌头与台湾乌头

夏季最流行的乌头帽，一登场便吸引大批人潮前往欣赏，争睹风采。梨山乌头及台湾乌头的整体造型像是戴着荷兰帽的美女，两者的差别在于梨山乌头的枝条具蔓性，而台湾乌头则是直立的。乌头虽然美丽，却是有毒的植物。《满城尽带黄金甲》的电影中，国王怀疑皇后不忠而暗中下毒，给皇后吃的毒药就是乌头做的。

在台湾，乌头有两种，一是梨山乌头，一是台湾乌头，也叫高山乌头或奇莱乌头。梨山乌头在台湾仅生长在部分地区，台湾乌头分布的海拔较高，在合欢山、奇莱山、南湖大山等高海拔地区都可以见到。梨山乌头的花期在六月，台湾乌头则在八月，因此想要赏花就得要把握夏天。

戴着荷兰帽的美女——梨山乌头，也有人说像戴着盔甲帽。

具有蔓性枝条的梨山乌头，生长在中海拔的山区。

台湾乌头

直立生长的台湾乌头。乌头是有毒植物，在野外只要欣赏它的美就行了，可别随便采来吃。

生活在高山上的台湾乌头。

兰花

◎兰花

　　小巧可爱的三褶虾脊兰及长距虾脊兰，花的造型就更加神奇了，像是身穿白衣、戴着宽帽檐的大盘帽、打着橘红色领结正在跳跃的舞者。众多的小花聚集在花轴上，就好像正在做舞蹈表演的舞者，而且似乎也透露着它的性别。

戴着大盘帽跳舞的长距虾脊兰，中央还可很清楚地看到一个人的脸形。

旗唇兰是穿着宽松的大垮裤跳舞的舞者。

　　戴着帽子、打着红色领结正在跳舞的三褶虾脊兰。

亮丽的眼睛

"猫儿眼睛草？这是什么东西呀？好奇怪的名字。"我第一次查到这个名字时，也觉得好奇特，为什么会有这么有趣的名字？至于它们到底哪里像眼睛，大家可以发挥想象力去欣赏。

第一次发现这可爱的小精灵，是在中海拔的森林里，它们群聚生长在森林的底层，若不留意是不容易发现的。春天是它们绽露芳颜的时刻，小小的花朵绽放在叶片之间，吸引着在森林下层活动的昆虫来探访。

台湾有四种原生的猫儿眼睛草（也称金腰），即台湾金腰、大武金腰、肾萼金腰和日本金腰，四者花色稍有不同。大武金腰的黄白色较为明显，也比较像眼睛。除了肾萼金腰和日本金腰之外，另两种都是台湾特有的植物。

自从认识了这种特别的植物，走在森林小径之中，总会刻意地寻找它们的踪影。小巧玲珑的它，考验着大家的摄影技术，思量着要如何才能把它的美记录下来。每当在山林间发现它时，总得把大背包卸下，趴伏在它的脚下，才能将它拍得清楚。不同的猫儿眼睛草，展现不同的风情，小巧美丽动人的它，等待有缘人的到访。当春天行走在山林之间，也请留意自己的步伐，别惊扰到它们。

全身通绿的台湾金腰，搭配着黄色的花蕊，吸引着在森林下层活动的昆虫来探访。

大武金腰的花是黄白色的。

生长在地面的大武金腰，是地面的小精灵。

猫儿眼睛草

日本金腰（日本猫儿眼睛草）开裂的果实，蕴藏在其中的种子清晰可见，也许这样就像是猫眼吧。

金腰。

小花伞

　　鹿蹄草家族的独丽花及喜冬草是喜爱撑伞的花儿，害羞的它们总是低垂着头，为了看清楚它们的面容，必须得拜倒在它们的花伞之下。

独丽花的花冠向下开展，形如一把伞。〔游适诚摄〕

喜冬草特殊的花形，像是一把撑开的小花伞。

生长在森林的底层，直立的样子像是个小台灯。

野花乐团

　　吊石苣苔、唇柱苣苔高举着森林的
小号角，马醉木、沙参摇动着大小不同
的铃铛，马兜铃吹奏着萨克斯，昆栏树
则以铃鼓伴奏，野花乐团共同演奏森林
动人的乐章。

玉山沙参是蓝色的风铃。

吊石苣苔是红色的长筒喇叭。

芦笋花是迷你的铃铛。

昆栏树的花蕊排列成圆盘状，像摇动的铃鼓。

野花乐团

大叶马兜铃花的造型像极了萨克斯。

喜爱生长在潮湿岩壁上的唇柱苣苔，长筒状的花冠像长长的号角。

台湾马醉木是纯白的小铃铛。

奇装异服系列

◎半边莲

喜爱生长在潮湿环境的半边莲，花冠只长了半边，十分特别。无意间发现一朵特立独行的半边莲，就像展开翅膀准备飞翔的小鸟。

◎灵枝草

第一次看到灵枝草时十分惊异，对于它的白鹤造型惊叹不已。由于它具有药效，许多庭院的植栽中都可以看得到。我便是在巷弄间居家的盆栽之中发现它的。

半边莲。

穿着白鹤装的灵枝草。

侧面看更像白鹤。

◎白绒草

认识白绒草已经有一段很长的时间了，它总是匍匐行走在地面，或是岩壁、边坡。心形稍有锯齿状的叶子，两两相对排列在茎干上，白色的小花点缀在叶片之间。一时兴起，将自己趴伏在地，与它面对面，竟发现它那可爱有趣的表情，真像一只戴着毛围巾伸长脖子站立的小鸟，顿时让我深深为它着迷，除了再仔细端详，还为它拍了不同角度的照片。有时候得改变我们的视角，才能发现它们的美。

白绒草的有趣模样，像不像戴着毛围巾、伸长脖子站立的小鸟？

佛焰苞是天南星家族特有的特征，蓬莱南星的佛焰苞造型很奇特，从背面看，就像受到惊扰而直立威吓的眼镜蛇。

从这个角度看像在撑着伞。春天的山林间，很容易看到撑着伞的蓬莱南星。

◎ 翅子树

花的造型像香蕉的翅子树。白色的花瓣搭配着黄色的花萼，花萼形似香蕉皮。

第一次看到翅子树的香蕉装是在台大的傅园，当时发现地上有一块又一块的香蕉皮，心想台大的校园里，怎么有人这么没公德心乱丢香蕉皮！后来回头一看，咦！似乎又有点不一样，捡拾其中的一个香蕉皮仔细看，不太像是香蕉皮，抬头往上瞧，哎呀！原来香蕉皮就长在这树上呀！查了数据才知道它的名字叫翅子树，白色的花瓣搭配着黄色的花萼，花萼形似香蕉皮。而且花萼的颜色也如同香蕉一般，新鲜时呈现乳黄色，等到凋落时便变成枯黄色，这个时候是最像香蕉皮的时候！

正面看翅子树。每年的4月是开花的季节，若想要看树上的香蕉模样，就得在这个时候去！

翅子树是在1910年引入台湾的，在一些公园以及路旁的行道树中可以见到。但台湾其实也有原生的翅子树，生长在兰屿及绿岛的海岸林一带，花比较大，多年前到兰屿曾见到落果，未及见到开花，希望有机会可以去探访。每年的4月是开花的季节，若想要看树上的香蕉模样，就得在这个时候去。

掉落在地的落花，简直就是香蕉皮。花萼的颜色也如同香蕉一般，新鲜时是乳黄色，等到凋落时便变成枯黄色，这个时候是最像香蕉皮的时候！

◎杓兰

杓兰家族的造型很奇特，有人说像拖鞋，我觉得像是一个可以装很多东西的大肚囊袋。台湾有四种杓兰，都生长在高山上。不过由于它们特殊可爱的造型，引得爱花的人想要将这份美据为己有，所以野外的杓兰面临严重的采集压力，数量愈来愈少。有时候爱并非占有，若能让它们继续生长在自己的家乡，美丽才能长久耀眼。

奇装
异服

台湾杓兰是台湾原生且特有的美丽兰花。

◀ 大花杓兰的肚囊更大，由这个角度看好像是一个长着庝斗下巴的人。住在高山上的大花杓兰，让人不易亲近，也让它们可以自由自在地生长。〔游适诚摄〕

039

森林小烟火

◎胡麻花

　　胡麻花是台湾特有种，喜欢生长在潮湿的山区边坡上。数朵小花聚集生长在长长的花茎上，向下开展的花朵如同烟火一般。每年二月开始在森林的路旁绽放红白烟火，看到它就代表春天要来了。

生活在潮湿环境的胡麻花，具有长长的雄蕊及雌蕊，白中透红的花冠。

即将成熟的红色烟火胡麻花。

白色的烟火胡麻花。〔游适诚摄〕

◎唐松草

　　没有花瓣的唐松草家族，以细长美丽的雄蕊，吸引大家的目光。放射状排列的雄蕊，外形如同一枚枚烟火球。

唐松草家族的花丝细长，花药着生在顶端。这是大花台湾唐松草。

台湾唐松草是纯白色的烟火。〔游适诚摄〕

◎合欢

　　合欢生长在台湾低中海拔的山区，夏天盛开花朵。红白相间的雄蕊放射状排列，如同在高空中绽放美丽的烟火。

含苞待放
的花苞

奇妙的大自然里，除了绽放的花朵之外，含苞待放的花蕾也具有不同的造型，非常值得细细欣赏。

野菰的花苞，像害羞的少女。

马缨丹的花苞，像排列整齐的蝴蝶结。

油点草的花苞像一枚火箭头。

花叶良姜的花苞，小朋友说这是大蒜，你们觉得呢？

这是假面超人的脸。长白山地区的乌头。

这是外星人的脸孔。长白山地区的另一种乌头。

乌头家族的花苞都很有趣，梨山乌头的花苞像神情凝结、准备整装待发的武士。

野花开口笑

有些野花的造型，如同张开嘴开怀地大笑，哈！哈！哈！大家笑成一团，多么开心及惬意呀！山姜及紫堇家族都是天生乐观的家族，笑口常开，提醒鼓励着大家，随时要保持好心情。宜兰南星则是爱捣蛋的调皮鬼，总是躲在森林底层与大家玩捉迷藏，被发现了不甘心还顽皮地吐出长长的舌头做鬼脸，花格斑叶兰也被逗得笑开怀。

宜兰南星是天南星家族之中唯一会吐舌头的，通常生长在阴暗潮湿的森林底层。佛焰苞将花序遮蔽着，花序轴折合成45度角，伸出佛焰苞，好像伸长舌头，向你做鬼脸的调皮鬼。春天的森林里到处都是在玩捉迷藏、做鬼脸的宜兰南星，有机会也可以去和它玩捉迷藏！

笑开怀的花格斑叶兰。花格斑叶兰是一种地生兰，每年8至9月开花。初秋的山林，尚未变妆，生长在森林底层的花格斑叶兰正绽露芳华，小巧可爱的小花，点缀着细长的花轴，甚为清丽动人。仔细看单一花朵，好像开心地张口笑，欢欣地迎接我们的到来。这笑脸似乎有感染魔力，让心情也不禁轻快了起来，带着这份微笑及开心下山，回到繁华的尘嚣都市生活。

吐舌头的线柱兰。兰花不一定要到山里才看得到，其实在都市公园的草坪上，若仔细留意，也许你就会发现这可爱的小兰花。（游适诚摄）

笑到露出两颗门牙的台湾盆距兰，冬天是它笑开怀的时候。台湾盆距兰生长在树干上，是爱爬树的兰花。

Chapter 3

万紫千红
话色彩

THE SECRET LIFE
OF WILD FLOWERS

野花调色盘

草地的黄花

蛇莓。

地耳草。

小茄。

　　大自然充斥着各种不同的色彩，尤其是多彩的野花，装点着生活周遭的环境，使世界更加美丽，令人赏心悦目。曾经试着将所拍过的花，按彩虹的色彩，红、橙、黄、绿、蓝、靛、紫等色系去排列，几乎所有的色彩，都可以找得到，色调或深或浅，有的呈现渐变的效果，有的搭配对比色，让野花更加夺目耀眼。

　　花为什么会有颜色呢？根据科学家的研究，这是因为在花瓣中含有"花青素""胡萝卜素""叶黄素"等成分，不同的花朵所含的成分比例不同，因此有不同的色彩。

　　对人类而言，色彩有不同的定义与意味，例如红色代表热情、白色代表纯洁、蓝色代表稳重、紫色代表神秘。但是对植物而言，花变化着不同的色彩是为了吸引昆虫或动物的注意，是请求它们前来协助传粉的讯号。因此针对不同昆虫或动物的喜好，花以多变的色彩，吸引着不同喜好的昆虫及动物。例如蜜蜂喜爱黄色及蓝色，蝴蝶喜爱红色或紫色，鸟类喜爱红色。但这也不是绝对的，毕竟让昆虫流连忘返的是它们爱吃的花粉及花蜜，所以哪里有花蜜就往哪里去，色彩搭配并非是不变的定律。

◎黄色系

　　早期演化出来的花，结构较为简单，通常呈现的色彩是黄色，再复杂一点的是白色，更进一步则演化出红色、粉红色或紫色，最后才是蓝色或是综合的色彩。

海边
的黄花

台湾佛甲草。

沙生马齿苋。

山区
的黄花

台湾相思树。

野菊。

高山
的黄花

玉山小檗。

台湾委陵菜。

◎白色系

　　花会呈现白色，主要是因为花瓣将所有的可见光都反射了，所以我们人类看到的是白色的花朵。白色给人纯洁、神圣的感觉，白色系的野花很多，还有不同层次的白，如山鸡椒的象牙白、雾社樱的洁白、长叶轮钟草的纯白。经过研究调查，自然野地的花以白色的花最多，大家也可以试着去统计看看喔！

山区的白花

梅花草。

幌菊。

海边的白花

阿里山繁缕。

蔓胡颓子。

海桐。

草地的白花

鹅肠菜。

厚叶石斑木。

火炭母。

基隆蝇子草。

◀阿里山五味子。

▲萱草。

▼橙花开口箭是唯一开橙色花朵的开口箭。

▼木棉。

▼ 1.台北杜鹃 2.楮头红 3.猫尾草 4.轮叶马先蒿 5.酸叶胶藤 6.穗序木蓝 7.朱槿 8.茑萝 9.台湾藜芦。

049

◎ 紫色系

紫色系的花大多见于高山。

紫色系
花朵

萝卜。

050　　　▲1.洋紫荆 2.瓜子金 3.夜香牛 4.长萼瞿麦 5.紫珠 6.玉山灯台报春 7.夏枯草 8.台湾蓝盆花 9.梨山乌头。

◎蓝色系

蓝色系花朵

　　自然野地里蓝色的花较少，而蓝色的花也是较晚演化出来的花朵。一般而言，蓝色花大多生长在高山上或森林的下层。

阿里山龙胆。

▲1.兰崁马蓝　2.山菅兰　3.尖舌苣苔　4.阿拉伯婆婆纳　5.彩叶草　6.土丁桂　7.琉璃繁缕　8.琉璃草　9.匍茎婆婆纳。

◎绿色系

大自然里绿色的花数量比较少，毕竟与叶子的颜色太相近。绿色的花大多生长在森林的底层或是地面，通常花也比较小而不起眼。

七叶一枝花。

普陀南星。

绿色系花朵

天胡荽。

野苋。

西域旌节花。

台湾菝葜。

鹅掌柴。

野花换装秀

若我们仔细去观察花开的过程，会发现有些野花，由含苞、绽放直到凋谢的历程中，变换不同的彩衣，宛如进行了一场换装秀。有的在浓淡之间做变化，有的在色系之间变化。

盛开的花朵呈现的是吸引花媒注意的醒目色彩，当花年华老去，或是已完成终身大事时，花瓣变成较为不显著的颜色，有的甚至连蜜腺也干涸，便是期望花媒能集中注意力在待嫁的花朵之上，而已授粉的花蕊子房便可以不受打扰地孕育果实种子成长。

这变化的色彩也透露着花的年龄，是给予花媒的重要讯息，是花与花媒之间沟通的密码暗号。花儿告诉昆虫，我已完成使命，请你为我的兄弟姐妹们传粉吧！

◎白变黄

栀子花：风车状花形的栀子花，会由白色变为黄色。

白色纯洁的栀子花。

变成黄色的栀子花。

忍冬花苞。

◎白变黄

忍冬：有金花及银花的忍冬（金银花），刚绽放的花朵是银白色的，随着时间的推移，渐渐变成金黄色。颜色虽然变了，但仍然散发香味，协助其他未授粉的花，吸引着昆虫前来。

花苞变成白色。

生活在中高海拔的淡红忍冬是金银花的亲戚，一样会变化衣装，由白变成淡黄。

刚开的白色花。

换了黄色的衣装。

每朵花的时间不同而形成了黄白相间的色彩。

◎黄变橘

月见草：台湾有几种月见草，初开时为纯黄色，枯萎之后呈现的是橘色。

◎黄变红

台湾紫菀：台湾紫菀又名台湾马兰，是菊花家族的一员，由舌状花及管状花形成一个头状花序。黄色的管状花搭配着白色的舌状花，甚是清雅可爱。花心中的管状花，刚开放时是黄色的，授粉之后，由黄色转变为暗紫色，呈现另种风情。

刚开时是黄色的管状花搭配着白色的舌状花。

◎黄变红棕

假东风草：花心中的管状花会由黄色转变为红棕色。

变成暗紫色的台湾紫菀。

◎ 白→粉红→深红

纯白色的台湾芙蓉。

微染红晕的台湾芙蓉。

台湾芙蓉： 当节气来到霜降时，山野间的台湾芙蓉开始绽放硕大的花朵，美丽动人。它们不畏风寒，因而赢得"拒霜美人"的称号。清晨绽露芳华时，洁白的花容沾点着露水，楚楚动人，随着时间的推移，花朵开放到极致，而花瓣渐染红晕，增添一份娇羞的气息。黄昏午后花谢，如同美人饮酒后微醺的红晕，因而有"一日三醉"的美称。美是短暂而极致的，台湾芙蓉的美只持续一天，便完成了生命的使命。

◎ 近白的浅粉红→粉红→深红

使君子： 含苞待放的花蕾是接近白色的浅粉红色，初开时为粉红色，而后颜色愈来愈深，最后变成深红色。它们群聚生长在枝条的顶端，满簇的花甚为美观，许多公园庭院的藤架都有栽植。夜晚经过时散发着浓郁的香味。

含苞待放的花蕾是近白色的浅粉红，初开时为粉红色。

最后变成深红色。

同花序上不同色彩的花，形成另种层次美。

◎红→白

桃金娘：台湾原生的美丽桃金娘则是由桃红色而褪为白色。

开放后是桃红色。

转变为白色。

◎紫蓝→紫→紫红→淡紫→白

蒜香藤：蒜香藤的花色在浓淡之间做变化，由深紫而褪变为白色。含苞待放的花苞，好像一颗颗深紫的小灯泡，绽放之后为紫红色，而后渐渐变淡到几近为白色。

花苞好像一颗颗深紫的小灯泡。

最后几近白色。

绽放之后为紫红色。

紫白相间。

◎淡紫→紫→橘

长距虾脊兰：白色的花苞，像个小桃子，刚开的时候是淡粉紫色，后来变紫色，最后则把原本穿的紫衣换成了橘衣裳。

身穿淡紫衣跳舞的长距虾脊兰。

换成橘衣装的虾脊兰。

◎花丝变色

有些花的变色部位在花丝，油桐花的花丝在刚开放时为黄白色，而后转变为红色。花柱也具有相同的机制。

油桐黄白色的花丝。

转变为红色的花丝。

◎未凋先枯

草海桐：小巧可爱的草海桐，穿着草裙，在海边跳着草裙舞，展现热带风情。花刚开放时为白色，而后转变为枯黄色，如同抽离了水分，变成了干涸的花朵。

刚开花跳着草裙舞的白色草海桐。

变成枯黄色的草海桐。

天然干燥花

　　清新美丽的花朵不仅让人赏心悦目，也让人期待可以永远保存拥有这一份美丽。大自然里有些植物的花瓣、花被或苞片，具有干燥的膜质化结构，可以如同塑料花般长存美丽。在台湾平地、海滨、高山都可以见到这群特殊的天然干燥花。

　　像苋科家族的花，大都具有这样的特性，例如我们熟知的鸡冠花、空心莲子草都是，而它们也都是喜欢阳光、生命力强韧的一族。另外，生活在中高海拔的玉山香青、尼泊尔香青则具有干膜质的苞片。这样的构造是为了减少水分的散失。对于植物而言，那是它们面对环境而做的改变，站在人类的角度来看，则是永保美丽的干燥花。除了欣赏它们自然成形的天然干燥花，它们的生存智慧也是值得学习的。

空心莲子草的小花聚集成圆球状。

干膜质的花被片，让花看起来像天然的干燥花。

◎ 平地的干燥花

空心莲子草：空心莲子草喜欢生活在潮湿的地方，总是群聚地蔓生成片，由于茎干上有节，每个茎节都可生根，因此具有蔓性的茎条横生各地，向四处拓展。小花聚集成圆球状，并有长长的花梗支撑，这白色的球状花团点缀于绿叶之间，如同繁星，因而有长梗满天星之名。干膜质的花被片，在花蕊干枯之后仍然保留着，看似永葆青春的不凋花。

俗名叫作"圆仔花"的千日红，看起来像一朵干燥花。

青葙：紫红的青葙喜欢生长在阳光充足的地方，故乡原是亚洲热带地区，现在已在台湾的野地驯化。所有小花都聚集生长在花轴上，形成漂亮的穗状花序。由单一花穗可以观察到小花由下往上，逐渐开放，花瓣白中透红，甚为美丽。花被片具干膜质，宛如自然成形的干燥花。由另一个角度看，小花呈现螺旋状排列，造成一种视觉上的效果。花轴上每朵花的生命阶段不同，初放时为紫红色，而后转白色，因此形成两种色彩，远看好像一支直立的蜡烛竖立在原野间。早期据说北部的青葙是紫红色的，台南以南及离岛各地的青葙则是偏白色的。

单看一朵小花。初放时为紫红色，而后转白色，因此形成两种色彩。

由另一个角度看，小花呈现螺旋状排列，造成一种视觉上的效果。

青葙所有小花都聚集在花轴上，形成漂亮的穗状花序。

青葙是鸡冠花的亲戚，有时可看到它长成鸡冠的模样。

远看好像一支支直立的蜡烛竖立在原野间。

◎高山的干燥花

玉山香青：喜欢生长在干燥的高海拔岩屑地或边坡上，耐旱性强。花散发出清香，因而有"香青"之名。生长在海拔1000至3000米的中高海拔山区，在不同的高度，花开的状态有些不同，较高海拔的花较为闭合。

尼泊尔香青：高山上常见的尼泊尔香青，身上除了穿着绒毛衣之外，花朵被干膜质的苞片层层堆叠地保护着，中间黄色的部分才是花。每次背着重装行走高山时，面对陡直或层层的阶梯，心中不免抱怨着："怎么这么远？怎么还没到？好累呀！真不想走了！"而鼓舞着自己往前行的，便是这些生长在山径旁的小野花，似乎在为我们加油打气。有了好心情，有了能量，便有力气继续往前走。

玉山香青有菊科特有的头状花序，外围堆叠着一片片白色干膜质状的苞片，如同纸片般。

玉山香青的花朵散发出清香，因而有"香青"之名，又名玉山抱茎籁箫。

尼泊尔香青除了穿着绒毛衣之外，花朵被干膜质的苞片层层堆叠地保护着。

盛开的玉山香青，不同的花心色彩，显示着不同的年龄。

◎海边的干燥花

银花苋：故乡在巴西，现已归化于台湾的中南部海岸，具有入侵性。茎、叶、花具有柔毛，喜欢阳光充足的环境，相当耐旱。没有大的花瓣，也没有艳丽的色彩，白色的小花层层交错着。每一朵小花外层有两枚膜质的苞片保护，小花的花瓣也膜质化，看似莲花座。

生命力强韧的安旱苋，生长在珊瑚礁石之间，不畏海风的吹拂，以低矮的身形拓展领土。

红色的安旱苋小花点缀在绿叶之间，甚为美丽。

安旱苋：在强劲的海风吹拂下，让人行走的脚步都显得颠簸，因此懂得谦卑的海滨植物，个个压低了身形，平贴于地面匍匐前行。在一片看似没有土壤养分的珊瑚礁岩上，发现了一片绿红相间的植物，原来是安旱苋。生命力强韧的安旱苋，在珊瑚礁石之间任由海风吹拂、海浪拍打，借此撷取土壤，逐渐拓展领土，而它们称霸于珊瑚礁岩石之地，开疆拓土的精神令人佩服。12月是它们开花的季节，不仅生活在如此艰困的环境，还选择在冬季开花。

安旱苋具有苋科家族特有的干膜质花被。

Chapter 4

千奇百怪
嗅气味

THE SECRET LIFE
OF WILD FLOWERS

花朵的气味

自然界除了缤纷的色彩之外，其实还散发各种不同的气味。有小草的清香、花朵的芳香、引人食指大动的食物香；美好的气味，给予人美好的心情及体悟。不过气味是很主观的，很难去定义香或臭。同样是大蒜的气味，喜爱的人会称之为蒜香，不喜欢的人则叫作蒜臭。

气味的香臭与否，当然是以人类的角度来定义。但对于昆虫而言，它们的喜好，却代表着不同的意义。花为了配合不同昆虫的喜好，而有不同的气味。有香花，也有臭花，有巧克力口味的，也有大蒜口味的，各种口味一应俱全，任君挑选。

散发香气的花，不以造型及色彩取胜，通常呈现的是朴质无华、素净的白色。我们喜爱花朵散发的芳香，不仅将之栽植在家中庭院内观赏，也取之提炼制作为香水。除了常见的观赏香花植物，在山林田野之中，也有许多不同香气的花朵，吸引着昆虫造访。

花会散发出香味，是因为花瓣中具有油细胞，能够分泌具有香味的芳香油类物质。芳香油的成分大多是具有挥发性的醇类、酮类及酯类化合物，有时经由白天阳光的照射，气味更是浓郁。一些夜晚开花的植物，由于夜间湿度较高，花瓣的气孔张得比较大，芳香油也就挥发得较多，因此它们在晚上发出的香气会比白天更浓。

◎ 柚子花

洁净纯白的柚子花，绽放时有浓郁的香气，远远就可以闻到它的气息。这涌动的气味踪迹，引领我们去找寻它的所在。

◎ 九里香

九里香，又名"七里香"，拥有十分浓郁的香气。洁白纯净的小花，聚集地生长着，散发甜甜的香味，吸引许多昆虫来取食。

◎ 海桐

生活在海边的海桐，花的香气也十分浓郁，因此也有"七里香"的别名。

◎ 木兰科家族

　　我们熟知的香花植物玉兰花、含笑花、台湾含笑都是木兰科家族的一员，散发着不同浓度的馨香。花朵绽放枝桠间，星星点点引人注目，花瓣坠落满地，铺就一片白地毯。

开黄花的黄兰一样有清香的气味。

与众不同的台湾含笑，选择在寒冷的冬天开花，每年的12月开始绽放淡雅的白色花朵。

含笑花散发甜甜的香味。

白兰。通常散发香味的花，大多没有鲜艳的色彩，以白色居多。

花香
四溢

◎ 大花曼陀罗

常被误认为百合的有毒植物大花曼陀罗，早期因观赏价值而引进台湾，目前已在台湾野地自在生长。向下开展的喇叭状花朵，散发如同香水般的气味，在阴雨时更加浓郁。

◎ 台湾金粟兰

生长在阴暗潮湿森林下层的台湾金粟兰，四片叶子两两对生在枝条顶端，又叫作"四叶莲"。4、5月时开放白色细小如米粒的花朵，散发着淡淡的幽香。

◎ 海州常山

海州常山是马鞭草家族的一员，叶片搓揉后散发出一股奇特的气味，有人觉得臭，有人觉得像是中药味。实际上它的花朵散发出的气味，有别于叶片，是浓郁的香味。这"香花臭叶"代表着植物传递的不同讯息。香花是为了吸引昆虫前来传粉，臭叶则是为了避免被昆虫取食。

◎ 葛藤

葛藤花有豆科家族特有的蝶形花冠，深紫色的花瓣中央搭配着黄色的色块，形成抢眼的色彩。花开时散发着特有的浓烈香味，令人有种魔幻的感觉。

◎日本厚皮香

没开花时常会有人将它误以为是榕树，其实是山茶科家族的成员。在北部低海拔的山区还蛮常见的。盛开时黄白色的小花缀满枝条，十分美丽，香气扑鼻，吸引许多昆虫取食。

◎山棕

生长在阴暗潮湿森林中的山棕，花开时散发着浓郁芳香，这炫惑人的气味导引着昆虫穿越层层树丛，前来为它传粉。

◎豆瓣兰

淡雅美丽的豆瓣兰，不开花时很容易被当作禾草类的杂草，初冬时绽放在山林的路径旁，并散发着幽香。

◎樟树花

樟树家族除了叶片、茎干之外，花也具有香味。每年春季，樟树花盛开时，走过树下都可以闻到一阵阵清香，十分喜爱这份清香，没有侵略性，缓缓悠悠地散布着，让人觉得很舒服，也难怪樟树又被称为香樟。

◎武竹

居家盆栽常见的观赏植物武竹，青翠柔美的枝条垂挂着，绿意盎然，引人怜爱。一般较少有人会留意到它的花。花长得十分袖珍可人，有奶油椰子般的香气，搭配着奶油色彩的花朵，让人觉得秀色可餐。

臭美的花

对于气味，每个人都有不同的喜好，昆虫也一样。因此依靠昆虫及动物协助传粉的花朵，也会散发出不同的气味来吸引不同喜好的昆虫。有些花独创一格，为了吸引苍蝇之类的逐臭之夫，而散发出浓烈的臭味、腐臭味。我们来看看有哪些是"臭美"的花。

◎ 香苹婆

香苹婆一年四季有着不同的风情，春天暗橘色的小花由光秃的枝桠中绽放，夏天则是一片绿意盎然，秋天结实累累，冬天落尽叶片，休养生息，等待春天。暗橘色星形的小花，散发出一股难闻的气味，让人以为是猪屎，有人更形容是尸臭味。由于这个气味实在是太浓烈了，应该很少会有人喜欢这味道吧！这样的味道，当然吸引的传粉对象就是苍蝇之类的逐臭之夫啦！所以在开花期间可以看到满满的苍蝇聚集在花间喔！

香苹婆是热带植物，因此在台湾的南部比较常见，并且栽植为行道树。北部只有少数零星几个地方有栽植。当初是看上它的树形优美而引进栽种作为行道树。但后来却发现开花季节散发出阵阵令人难以忍受的气味，是始料未及的事。

虽然花臭不讨喜，但果实却很可爱，心形的造型，好像一颗颗的爱心集结在树上。果实成熟时会开裂，就如同开咧着大嘴，露出黑色牙齿，在向你微笑。

散发腐臭味的香苹婆花。每年春天开放橘红色的小花，先开花后长叶。

许多苍蝇聚集在花丛间吸食。

受到苍蝇喜爱的芋。

◎海芋

　　喜爱生长在森林底层的海芋，以苍蝇为媒人。这类天南星科的家族，散发的大多是人类不喜欢的臭味，却可以吸引苍蝇之类的昆虫。看看这些聚集的苍蝇便知道有多臭了吧！不过对于苍蝇而言，这气味代表着人间美味吧！

有着臭水沟气味的海芋。

天南星家族的犁头尖，在路旁的石头缝或墙角常可发现它们的身影。叶子形状是一面盾牌，十分特殊。具有天南星家族特有的佛焰苞，尖长的花轴配上佛焰苞，好像一把西洋长剑。开花时散发出一股恶臭，由于佛焰苞是暗褐色再加上这阵阵的恶臭，不难猜出它的虫媒是谁。

◎ 柯树

　　果实长得像子弹的柯树，生长在低中海拔的山林中，花十分细小而不显眼，所以开花时散发出浓郁而特殊的气味，吸引许多昆虫前来造访取食，其中尤以蝇类的昆虫居多。

连毛虫也来掺一脚。

受到气味吸引而来的蝇类。

花朵十分细小的柯树，散发出特殊的气味，吸引许多昆虫造访。

◎荞麦花

荞麦是经济作物，在台湾二林镇有一大片荞麦田，每年秋收稻作之后，农民们撒下荞麦种子，没多久便形成一大片的荞麦花海，吸引许多人前来欣赏。雪白的荞麦花具有多枚雄蕊，白色的花瓣搭配着粉红的花药，十分淡雅可爱。这么可爱的花，其实散发的是不太好闻的臭味。刚开花时散发的是一股强烈的气味，感觉有些腥臭味，除了引来一些苍蝇之外，还有杜鹃叶蜂和蜜蜂在其中流连忘返。每朵花的中央有蜜腺，具有丰富的蜜汁，难怪会有这么多昆虫前来觅食。"吃饭皇帝大"，努力吃饭的昆虫，管不得旁边是不是有人，也让我可以好好地为它们留下见证。

吃得浑然忘我的杜鹃叶蜂。

连苍蝇也来造访荞麦花。

辛勤采蜜的蜜蜂。

香臭之间

关于气味，并非只有香或臭，我们在野外观察时，常常会忘了去嗅闻一下花朵的气味，除非花本身具有较浓郁的气味，或拥有让我们可以嗅闻到的气味。当你在进行观察时，也可以试着用自己的语言去记录所嗅闻出来的味道。例如武竹的花，散发的是奶油椰子般的气味，含笑花是淡淡的馨香，葛藤花有强烈的香水味，槟榔花则是甜而腻的香气，椿叶花椒是辛香味，枪木是胡椒盐味，海芋是腐臭味。以下是我以个人的观点记录下的气味。

◎ 爱吃醋的百部

一次在植物园的观察过程中，无意间发现了正在开花的百部。对生的叶片叶腋各自生长着一朵花，花的造型很特别，四片花瓣拼凑成一个杯子的形态，四枚雄蕊高高地升举着，如同蜡烛台一般。一时兴起，仔细嗅闻了一下这花的味道。哇！好像是打翻了醋坛般，一阵阵醋酸味扑鼻而来。这真是个爱吃醋的花，而且还是爱吃醋的雄花呢！

散发醋酸味的百部，对生的叶片叶腋各自长着一朵花，花的造型很特别，如同蜡烛台一般。

◎椒盐口味的枪木

在山区常见的枪木，白色的小花密集生长在枝干上。很奇特的是，这些低垂的小花散发出来的竟是一种椒盐的味道，十分特别。

小巧可爱的珍珠枪木花，同样也散发出椒盐的味道。

凹叶枪木是男女有别的树，雄花雌花都散发椒盐的味道。

◎大蒜口味的蒜香藤

由蒜香藤的名字，便可知道它发出的气味是大蒜味的。每当开花时，走近藤架下，空气中隐约飘散着蒜味。对于大蒜，每个人的口味不同，有的人爱死了蒜味，有人觉得腥臭。我想当初为它取名字的人，应该很喜欢吃大蒜，所以名之为"蒜香"，而不说蒜臭。一年可以开花3至4次，如果想要体验它独特的蒜香味，可在每年的6至10月间去拜访它。几朵花聚集成簇，甚为美观，许多公园的藤架或住家都有栽植，不难见到。每朵花大约可以开一个星期，让人很好奇，哪些昆虫喜爱这蒜味？停留在藤架下，守株待兔，没看见蜂、蝶类的昆虫靠近，蝴蝶都直接飞过去，目前仍未发现虫媒，还有待观察。

◎刺鼻味的水黄皮

　　蝶形花的水黄皮，花朵聚集生长在枝端。因叶片搓揉后具有臭味而被叫作"臭腥公"。凑近嗅闻花朵，一阵刺鼻的气味袭来，说不出是香还是臭。

水黄皮的蝶形花簇生在枝条顶端。

散发刺鼻气味的水黄皮。

◎漂白水味的吕宋荚蒾

　　每年春天是吕宋荚蒾盛开的时候，小巧纯白的小花聚集在枝端，形成一个平台，远远望去，如同枝条上覆盖了层层的堆雪，甚是美丽。这也是吕宋荚蒾的生存策略，花虽小，但集合团体的力量，产生出不同的视觉效果，这层层的堆雪，大面积的白色色块，形成了醒目的目标。玲珑有致的小花，散发出来的味道很特别，如同是漂白水的味道。味道会引发食欲，但是谁会想喝漂白水呢？喜爱这漂白水口味的昆虫，真是具有特殊的偏好呀！

吕宋荚蒾小巧纯白的小花具有漂白水的气味。

◎可可味的假东风草

　　每次看到假东风草总是要用闽南话说一次："大头仔哪儿这么香"。搓揉一下叶片果然是香的，以往很少去闻它的花，有一次心血来潮闻了一下，有种可可的香味，果然没过多久就有一只网丝蛱蝶来拜访了。

Chapter 5

花的性事

THE SECRET LIFE
OF WILD FLOWERS

男生女生配

柔美动人的花朵，我们常常拿来比拟为女生，其实花是植物的生殖器官，和一般动物一样，也有性别之分，而且还十分复杂，并非仅止于雄性、雌性，或是男女之分。植物有许多不同的性别组合，有男女合体的两性花，或是男女分开、各自开放雄花或雌花的单性花。单性花若同时生长在同一株植物上，叫作"雌雄异花同株"；若分别长在不同的植株上，而形成"男生树"、"女生树"，称作"雌雄异株"。

别以为只有这样，另外还有一种"杂性"的状态。即同一棵树上同时开两性花或单性花，其中单性花有可能是雄花，也有可能是雌花，不同种类的植物，性别的搭配不同。完全不会移动的植物，看似单纯，其实可不是这么简单，让人看得眼花缭乱。我试着以数学的方程式来表示，将植物的性别做以下方式的表现。

（ ）代表一朵花，〔 〕代表同一株植物

两性花：(男女)

雌雄异花同株：〔（男）+（女）〕

雌雄异株：〔(男)〕+〔(女)〕

杂性：〔（女）+（男女）〕或〔（男）+（男女）〕或〔（女）+（男女）〕

根据植物学家的研究，早期演化出来的开花植物是雌雄同体的两性花，而往后却变化了各类不同的性别组合。除了适应环境的改变，一方面也是为了异花授粉。毕竟尽量与不同株的植物交换基因，才能具有多样可变的基因来适应环境的变异。

以下来看看有多样性别组合的花：

◎ 男女合体的两性花（是男生也是女生）：

在一朵花之中同时具有雄蕊及雌蕊的花，叫作两性花。

两性花：阿里山繁缕。

两性花：仙人掌。

两性花：水东哥。

◎单性花（男生花、女生花）：

只有雄蕊的雄花或是只有雌蕊的雌花，被称为单性花。

单性花：枫香树雄花。

枫香的花

单性花：枫香树雌花。

枫香树的雄花及雌花同时生长在一棵树上。

秋海棠的花

单性花：秋海棠的雄花。

单性花：秋海棠的雌花。

木麻黄的花

单性花：木麻黄的雄花。

单性花：木麻黄的雌花。

芦笋
的花

单性花：芦笋的雄花。

单性花：芦笋的雌花。

变叶木
的花

单性花：变叶木雄花。

单性花：变叶木雌花。

野桐
的花

单性花：野桐雄花序。

单性花：野桐雌花序。

单性花：台湾栾雄花。

台湾栾
的花

单性花：台湾栾雌花。

台湾栾雄花及雌花长在同一棵树上。

◎杂性花：

　　一棵树上同时开两性花及单性花，叫作杂性花。

福木
的花

杂性花：福木的雄花。

杂性花：福木的两性花。

杂性花：福木的雌花。

内举不避亲的自花授粉

所谓的自花授粉，也就是雄蕊的花粉传到同一朵花或同一株其他花朵的雌蕊柱头上。当一种植物的自花授粉率达95%以上，就称为自花授粉植物。

自花授粉的方式，大多以生活环境较为艰困的植物为主，例如生活于高山、沙漠或气候变化剧烈的地方，缺乏可以协助传粉的花媒，或是生长期短，必须在短期内产生种子。这些地区的植物不凭借外力，选择以自家联姻的方式来繁衍后代，自花授粉是唯一可以信赖的方式。

许多农作物也是自花授粉的种类，例如稻、麦、花生、大豆等。选种的过程中，比较容易挑选出自花授粉的品种，因为它们能够保持较为平均的质量，因此得到农民的青睐而留种。异花授粉的变异性较大，产量不稳定，因此常遭人为淘汰的命运。

◎银桦的特殊构造

自花授粉的植物，有些会产生较高的雄蕊以及较低的雌蕊，好让花粉自然掉落在柱头上。有些则具有特殊的构造，例如银桦。

银桦为了进行自花授粉，具有特殊的构造。在花朵未开放前，雌蕊弯曲的花柱将柱头埋藏在花被中，而雄蕊的花药就长在这花被的内侧，因此当花开放时，原本弯曲的花柱，在伸展的过程中，便会刷过花药，让柱头沾附到花粉，而完成了自花授粉的过程。虽然银桦有这么精密的构造，却能分泌大量的蜜汁，常可见绿绣眼等小型鸟类，在其中流连忘返。虽然自花授粉可以不依靠外力完成授粉，但若有其他动物帮忙，则可增加结果率及后代变异的机会，因此许多自花授粉的植物依然开放着鲜艳的花朵，吸引动物来帮助传粉。

台湾原生的山龙眼，与银桦是同家族的亲戚，它们的花也具有相同的构造。〔游适诚摄〕

银桦的单朵花。未开花前，花柱将柱头埋在花被中。〔杨国明摄〕

花药长在花被的内侧。〔杨国明摄〕

伸出花柱，便自然将柱头刷过花粉，完成自花授粉。〔杨国明摄〕

银桦的花序。

自花授粉

单朵花的寿命只有一天，花蕊藏在龙骨瓣中，自花授粉。

另一种豌豆花。

美丽的豌豆花如同娇羞柔弱的姑娘，低垂着头，十分惹人喜爱。

全唇尖舌苣苔。生活在潮湿环境的全唇尖舌苣苔，花朵似乎不会开放，在里面自花授粉。

异花授粉的野花优生学

大部分的植物都是男女同体的两性花，虽然只要弯下柱头，便可自行完成授粉，但为了拥有强健的下一代，具有丰富多样的基因来适应环境的变化，大多数的花仍然采用异花联姻。透过媒人的协助，尽量与其他的花朵婚配，避免近亲的结合。为了达此目的，花朵也运用了许多不同的策略，以避免自家的花粉掉落在自己的柱头上。我们只要观察雄蕊及雌蕊彼此之间相对的位置，以及开放的时间，便可以看出其中端倪。

一般而言，花大多是以空间及时间上的区隔，来进行异花授粉。除了在位置上造成空间上的差异之外，再搭配成熟时间的错开，更进一步避免了自花授粉的可能性。

◎ 男女异位（位置的区隔）

百合：台湾百合有长长的花柱，将柱头高举，超越雄蕊花药的高度，当昆虫来到时，会先触碰到柱头，若它身上带有其他百合的花粉，便在此时让花粉沾附在柱头上完成传粉，而后接着往下方的雄蕊深处去采集花粉。

台湾百合雌蕊的柱头高举过雄蕊，造成一个空间上的隔离，以避免自花授粉。

蓖麻：有毒植物，雌花序在上，雄花序在下。

蓖麻的雄花序。

蓖麻的雌花序。

男女有别的蓖麻花，雄花序在下方，雌花序在上方。

山核桃

男女有别的山核桃花，雌花序长在枝条的顶端，雄花则开在下方的叶腋，形成空间上的区隔。

山核桃的雄花序是下垂的柔荑花序。

山核桃雌花序，柱头二裂，向上伸展，接收花粉。

山核桃的雌花序长在枝条的顶端，雄花序则在下方的叶腋，形成空间上的区隔。

◎男女异熟（成熟期错开）

凤仙花：凤仙花的雄蕊包覆着雌蕊，雄蕊先成熟，等到花粉散尽，雄蕊会自行掉落，露出雌蕊，因为雌雄的成熟期不同，可避免自花授粉。

雄花期的单花凤仙花。

雌花期的单花凤仙花。

不同时期的单花凤仙花。

毛地黄

有着长长花轴的毛地黄，花由下往上逐渐绽放，雄蕊先成熟，因此在花轴下方是开放较久、正值雌花期的花，往上则是刚开放、正值雄花期的花。由于雄蕊开放时会散发气味，因此前来采蜜的蜜蜂会由下逐渐往上采蜜。

花轴上方是刚开的花，雄蕊先成熟，只见花药。

下方的花是开得比较久的花，正值雌蕊的成熟期。

毛地黄的花排列在花轴上，由下往上逐一开放。

龙胆家族

高山上常见的阿里山龙胆，以不同的成熟期来避免自花授粉。

阿里山龙胆的雄蕊先成熟，雄蕊花药先释放出花粉。

雄蕊完成任务后，换雌蕊登场，开裂柱头，等待花粉。

不同时期的阿里山龙胆。

龙船花

常见的园艺植物龙船花，也是利用不同的成熟期来避免自花授粉。

雌蕊成熟后，柱头开裂。雄蕊的花药掉落。

雄蕊先成熟的龙船花，散出花粉的花药，平贴在花冠上。这时雌蕊的柱头尚未开裂。

龙吐珠

红萼龙吐珠的雄蕊是懂得谦卑的男士，刚开花时，雄蕊先成熟，长长的花丝顶着花药，高举上扬，尚未成熟的雌蕊则低伏于下方。等到雌蕊成熟时，雄蕊男士便将舞台让给雌蕊，花丝弯曲蜷伏在花瓣后方。同一家族的海州常山、大青、龙吐珠都可以见到类似的状况。尤其是龙吐珠的雄蕊几乎是卷成一团，蜷伏在后。

红萼龙吐珠的雄蕊先成熟，长长花丝顶端有满满的花粉。

轮到雌蕊登场，所有的雄蕊弯曲花丝到花瓣后方。

园艺栽培的龙吐珠，雄蕊成熟时，雌蕊弯曲在后方。

雌蕊成熟时，雄蕊卷成一团，躲在花瓣的后方。

◎ 自交不亲和

　　虽然有这么多不同的策略，但也不见得万无一失，有时候风的方向吹错了，昆虫不一定按照花所设想的方式来授粉，因此有些花朵技高一筹，发展出可以辨识自家花粉的能力，只要碰到自家花粉便无法授粉受精。植物学家将这神奇的现象称作"自体不孕"或是"自交不亲和"。例如月见草便具有这项特殊的机制。

月见草具有辨识自家花粉的能力，防止自花授粉。

◎ 男女有别的男生树及女生树

　　有些植物为了一劳永逸，干脆分离得更彻底，不仅是男女有别的单性花，甚至分别生长在不同棵的树上，而变成男生树及女生树，大大降低了自花授粉的可能性。

只开雌花的鸡桑女生树。

马甲菝葜雄花序。

只开雄花的鸡桑男生树。

马甲菝葜雌花序。

087

◎ 异花 + 自花授粉

　　有些花坚持着异花联姻，有些花则较有弹性。吆喝叫卖了一整天，若没有得到昆虫的青睐，只好在凋谢之前赶紧进行自花授粉。例如草地上常见的鸭跖草及鹅肠菜。堇菜家族则是在春天先开出一般的花朵进行异花授粉，在夏天则开出闭锁花，这闭锁花不会开放，自行进行自花授粉，一样会结出果实。如此两者并行的策略，让堇菜家族生生不息，更能适应环境的千变万化。

堇菜家族在春天时行异花授粉，夏季时以闭锁花自花授粉。

鸭跖草每朵花的寿命只有一天，若没有异花授粉，在闭合前会自行授粉。

◎ 变男变女变变变

　　面对不同环境及各种不同状况的考验，植物运用着各类不同的方法来对应，这个策略不行，还有备用的方案。植物要开花结果，必须花费大量的能量。刚开始成长的植物，会视环境及自己的状况，选择适当的时间来传宗接代。男性通常比较适合开疆辟土，因此在环境及养分尚未足够的时候，植物会选择当男性，只开雄花。等到能量蓄积足够时，才开雌花，准备怀孕生"籽"。像天南星家族及杨梅等就具有这种选择性别的特殊机制。

　　关于性，花的弹性很大，自有它们的主张。

刚长出来的蓬莱南星第一年只开雄花，第二年雌雄同花，成熟期错开，第三年只开雌花。第一年是男生，第二年是男女同体，第三年是女生。

杨梅也可以视自己的状况，选择要当男生还是女生。这是杨梅的雄花。

Chapter 6

花的媒人

THE SECRET LIFE
OF WILD FLOWERS

千里姻缘风儿牵——风媒花

在大自然中，无论是哪一种动物，为了要繁衍后代，男性无不使尽浑身解数，来赢得美人芳心。唯有植物不同，当种子在一个地方落地之后，生根发芽苗壮，自此便是一生一世，永远无法离开这个区域。即使看上了隔壁的花小姐，也无法将这份情意传送出去，因此必须依靠各类不同的媒人来帮它们搭起爱的联机（桥梁），完成终身大事。有的运用大自然的风及水的力量，有的则是商请昆虫、鸟类或是其他动物来帮忙。为了获得媒人的青睐，花儿无不绞尽脑汁，变化各种不同的造型及色彩，期望能够顺利完成终身大事。

一般我们把依靠风儿传情的花叫作"风媒花"。朴素的风媒花，没有华丽的外衣，不容易引人注意，好心的风儿便自告奋勇地担任起媒人，为它们千里传情。

风媒花大多生活在较为开阔、具有微风吹拂的地方，并且常聚集生长形成一个大群落。为了避开多雨的天气，通常选择在气候比较温和的早春或秋天开花，每当风儿吹拂，花儿便顺势抛撒出大把大把的花粉。数量庞大的花粉不仅又轻又细小，有些甚至加附可帮助飞行的气囊，可以借由搭乘风儿的顺风车，在空气中飘浮攀升，飞翔到邻近或是更远方的佳人身旁。而这佳人通常具有细长或多分叉的柱头，用来接收花先生抛撒出的爱之花粉。

在植物世界中，松柏类的裸子植物都是风媒花，而在被子植物中，风媒花则占了19%。例如我们熟知的台湾水柳、构树、鸡桑以及禾草类的植物都是风媒花。下面来介绍各类风媒花。

◎ 禾本科植物

禾草类的植物，虽然是较晚期才出现的植物，但是它们也和前辈们一样运用着相同策略。当大部分植物为了吸引昆虫及动物注意而绞尽脑汁变化到极致时，较晚出现在地球舞台上的禾草类植物，却选择了前辈的策略，舍去华丽、奇特的造型，自行开辟出一片广阔的天地。

狼尾草的羽毛状柱头，伸出花序外，接收花粉。

靠风传粉的禾草，花小而不明显，舍弃了花瓣。

薏苡的雄花序。

雄蕊突出于花朵之外，花丝悬吊着花药，释放花粉。

薏苡长鞭状的花柱能增加接收花粉的机会。

每当秋天甜根子草盛开时，绵延整条河谷，甚为壮观。众花齐放，举行集体婚礼，风儿来为它们做见证。

◎裸子植物

所谓裸子植物，指的是种子外露、没有被包覆住的植物，松杉柏之类的针叶树都是我们所谓的裸子植物。它们是古老的植物，曾经是地球上的霸主，但随着环境的变迁，逐渐退出主要的舞台，而退居山区，觅得一片生存天地。在高山活动的昆虫及动物原本就比较少，因此仍然维持着与风建立的良好的关系，千万年来始终如一。

台湾
冷杉

雌花序是球果状，高踞在枝头，等着迎接风儿吹送过来的花粉。

台湾冷杉的雄花序，向下垂的柔荑花序，每个花序可以制造大量的花粉，每年春天尽情地抛撒到空中，借由风传送出去。

台湾冷杉紫色的初果。由此可以看出雄花序在下方，雌花序在上方。

雪山上聚集的纯冷杉林，台湾冷杉生长在海拔3000米以上的高山上，是台湾森林的界限。

裸子植物都是雌雄异花，黄山松的雄花及雌花开放在不同的枝条上。

黄山松

高大笔直的黄山松是分布范围较广的裸子植物，由低海拔到高海拔都可见到它们的踪影。喜爱生长在阳光充足的山坡地，在台中大甲溪沿岸一带有许多黄山松的纯林。

由于花粉的授粉成功率低于千分之一，所以风媒花必须产生大量的花粉。这是黄山松雄花序。

黄山松雌花。

台湾铁杉

铁杉蓝紫色的雌花球。受了孕的雌花球会将鳞片关起来，然后转变成球果。〔游适诚摄〕

铁杉的雄花球，花期在4至5月。每朵雄花的下方都带有花粉囊，花粉随风飘散。〔游适诚摄〕

◎构树

在一个风和日丽、阳光普照的和暖天气，岩壁上的一棵构树正展开花蕊，悬挂着一条一条的雄花序，轻风拂来，吹起了阵阵花粉云烟，形如烟火，缕缕绽放，让人忍不住驻足欣赏。这细小如尘的花粉，跟随着风的脚步，在空中飘浮攀升，飞行到更远的地方。

男女有别的构树，是典型的风媒花。雄花及雌花分别生长在不同棵树上，而形成男生树及女生树。雄花聚集生长在向下垂挂的花轴上，形成柔荑花序。

随风散播花粉的构树。

雌花聚集成圆球状，细长丝状柱头增加接收面积。

飞鸟来传情——鸟媒花

每年钟花樱桃盛放时，总会看到许多鸟儿如褐头凤鹛、红头山雀、绿背山雀，穿梭其中，蹦蹦跳跳，变化着各种不同的姿势，吸食花蜜及花，不时还会传来褐头凤鹛"to me you~to me you~"的打招呼声，而这也是我们可以观察鸟儿的一个大好时机。在台湾，常见吸食花蜜的鸟类有暗绿绣眼鸟、山雀类、画眉类、啄花鸟、台湾拟啄木鸟，这些灵活轻巧、可以自由飞行的鸟类，是花儿高效率的传粉媒人。

依靠鸟类传粉的花，我们称为"鸟媒花"。为了达到传粉的目的，鸟媒花配合着鸟类的习性而改变。一般鸟类都在白天活动，而且视力良好，对于鲜艳的色彩特别敏感，因此鸟媒花大多是白天开放的花，也具有鲜艳的颜色，如红色或橘红色，以便吸引鸟类的目光。此外为了搭配鸟类的喙，它们具有长筒状的花冠，通常底部都蕴藏着甜美的花蜜，以便提供鸟类高能量的需求。为了达到传粉的目的，每朵花只提供一小口蜜汁让鸟儿啜饮，这样鸟儿才会不间断地造访同种类的其他花朵。

另外，活泼好动的鸟儿动作较大，因此相对而言，鸟媒花通常具有较厚实的花冠，同时花丝及花柱也较坚固，以便承受得住这些活蹦乱跳的鸟儿。

褐头凤鹛在通脱木花丛间取食。

向下开展的钟花樱桃具有长钟形的花冠，蕴藏有蜜腺。

绯红的钟花樱桃盛开时，引人注目，令人流连忘返，也是鸟儿大快朵颐的时候，各类的鸟儿穿梭其中。

吸食花蜜的白耳奇鹛。（游适诚摄）

白头鹎是木棉花上的
常客。〔黄一峰摄〕

木棉具有厚实的花萼，能够承受得住蹦蹦跳跳的鸟儿。

南非桐亮红的色彩，远看就像一团火把，十分显眼。长筒
状的花冠具有甜度高的蜜汁。

褐头凤鹛也抵挡不了樱花花蜜
的诱惑。〔黄一峰摄〕

虫儿来做媒——虫媒花

在野地的花草丛中，不时可以看到各类不同的昆虫在花丛中穿梭飞舞。蝶儿翩翩起舞，优雅地伸出长长的吸管口器，吸食蜜汁。有些吃得太认真，甚至整个头都贴进去，让头顶沾染了花粉的色彩。蜜蜂则是勤奋地一朵花接着一朵花地逐花采蜜粉，毛茸茸的身体沾附了许多花粉，利用后脚的毛梳，将花粉聚拢到花粉篮中，带回蜂巢。蝴蝶及蜜蜂在取食时，身上往往沾染了许多花粉，无意间为花朵做了最佳的媒人。

昆虫是全世界种类、数量最多的生物，相较于风而言，昆虫是较有效率的媒人，因此开花植物大多是以昆虫来协助传粉。依靠昆虫传递花粉的花，我们叫作"虫媒花"。

由于昆虫的活动力强，并且具有良好的嗅觉，因此虫媒花大多具有多样的造型及色彩，或是散发出特殊的气味，当然还有丰美的花蜜及花粉，争奇斗艳，想尽办法，为的就是希望吸引昆虫的青睐。我们最常见的昆虫媒人，以蜜蜂、蝴蝶、蛾、蝇类等居多。为了配合这些媒人，虫媒花变化着不同的造型。

具有长筒状花冠的板蓝，在花冠的底端藏有蜜腺，只有身体构造合适的昆虫才能吃到它的花蜜。

板蓝有二长二短的雄蕊，彼此嵌合，排列在花冠筒中。

蜜蜂为了吸食花冠底端的花蜜，必须钻入这个通道，腹部因此沾附了花粉，为板蓝传粉。

蜂类是最辛勤的工作者，毛茸茸的身体可沾附花粉，后脚有毛梳，可以梳拢聚集花粉到花粉篮，方便在飞行中携带，并带回蜂巢内。

吊球草与蜾蠃。

草地上的细竹蒿草吸引小型的蜂类拜访。

头上沾满了花粉的蜜蜂，是花朵最佳的媒人。

深紫蓝色的台湾乌头依靠熊蜂来传粉。

菊科家族的管状花内含有丰富的蜜汁，吸引许多昆虫取食。

假马鞭是许多蝴蝶的最爱。

吸食泽兰花蜜的青斑蝶。

白花丹有长长的花筒，像个高脚杯，花蜜就藏在底端，只有像蝴蝶、蛾类用特殊口器才能吸食到。

花细小不起眼的通脱木，具有丰富的蜜汁吸引昆虫停留。

凉粉草的唇形花冠方便蝴蝶吸食花蜜。

长喙天蛾以长长的吸管，隔空定点振翅吸食鬼针草管状花中的花蜜。

白天活动的鹿蛾也是花儿重要的媒人。

白斑翅野螟。

白天活动的折角蛾停留在全缘绣球宽敞的花台上觅食。

晚上散发出香味并分泌蜜汁的球兰，吸引夜间活动的魔目夜蛾。

102

访花性的黄道食蚜蝇。

具有特殊气味的荞麦吸引苍蝇。

韭菜花散发强烈的气味吸引食蚜蝇的访花。

在一年蓬的花朵上取食的蝇类。

窃衣有平台方便蝇类取食。

一年蓬与花萤。

金龟子与野桐。

正在取食野桐花粉的瓢
虫。〔游适诚摄〕

蝽与福木。

甲虫
花媒

小型的甲虫为鸭跖草传粉。

肉花卫矛。

蚁媒花

爬行在土蜜树上吸食蜜汁的举腹蚁。

爬行在肉花卫矛花盘上取食花粉的蚂蚁。

专属媒人

有些花朵更加精进，寻求专属媒人的协助，集中精力，专注吸引特定的生物，彼此的生长期密切配合，各取所需，共同演化，形成一种互相合作的共生状态。

◎ 榕树

榕树是我们最为熟知的例子。榕树家族的花不像一般的花朵那样外显，而是隐藏在闭合的花托中。成千上万的小花，生长在这膨大而内合的花托上，称为"隐头花序"。这是因为它们有特定的媒人，不需要外显的花朵。这特定的媒人就是榕小蜂，每个隐头花序的底端都有一个小洞，而这个小洞也只有在特定的时间开放，让榕小蜂钻入为它们传粉。每一种榕树都有专属的榕小蜂，经由长期的演化，形成一种相互依存的状态。

榕树为隐花果，雄蕊及雌蕊成熟的时间是错开的，雌蕊先成熟。小蜂妈妈在雌花期进入，并在其中产卵，因此也是一种虫瘿花。封闭的榕花是最佳的育婴房，小蜂们在其中顺利地成长。先孵化出来的男小蜂会去找女小蜂交配，完成使命后便结束生命。女小蜂交配完成时也是榕花雄蕊成熟的时候，在其中爬行的小蜂妈妈身上因此沾附了花粉，小蜂妈妈钻出榕果，飞行到其他的榕果钻进去产卵，也顺便完成了授粉。

所有的花都被隐藏在这闭合的花托中，唯有榕小蜂可以协助传粉。〔游适诚摄〕

天仙果的隐花果。〔游适诚摄〕

◎丝兰

丝兰（yucca）是我们常见的观赏植物，看那尖刺的叶片便知道它生存的环境必定是较为干旱的地区。故乡在热带美洲的墨西哥，在当地与一种丝兰蛾（yucca moth）形成一种共生关系。蛾妈妈会收集丝兰的花粉，形成一个花粉团，并将它放到雌蕊的柱头上，替丝兰完成授粉。接着蛾妈妈便到丝兰雌蕊的底端产卵，孵化后的幼虫便以丝兰幼嫩的种子为食。丝兰虽然会消耗掉一些种子，但仍有一些数量的种子会成熟。丝兰蛾为丝兰授粉，而丝兰提供种子作为丝兰蛾幼虫的食物，形成相互依存的关系。

台湾引进丝兰作为观赏植物，但没有引进专属的媒人，所以在台湾看不到丝兰结成果实，便是因为缺乏传粉者。许多引进的观赏植物无法顺利结果，主要也是这个原因造成的。

丝兰的白色花朵向下开展。

丝兰的雄蕊及雌蕊。

台北植物园沙漠植物区种植的丝兰正在盛开中。

捡拾落花，换个角度看雄蕊。

◎桑寄生

桑寄生红色长筒状的花冠，内藏有甜甜的花蜜，是典型的鸟媒花。花蕊长长地伸展出来，可在啄花鸟吸食时将花粉沾附在啄花鸟的喙上。

啄花鸟与桑寄生之间的生命周期相互配合，建立起良好的默契。桑寄生提供甜美的花蜜及果实给啄花鸟，啄花鸟则为桑寄生传粉，也为它们播种，与桑寄生形成完美的互利共生关系。

桑寄生虽然寄生于其他植物的身上，但它也是其他动物取食的对象。对蝴蝶而言，桑寄生是斑粉蝶类及小灰蝶类的重要食物来源，这些蝴蝶的幼虫取食桑寄生的叶片，成蝶则吸食桑寄生的花蜜。而这些蝴蝶的蝶卵又是寄生蜂的寄生对象，形成了一个微妙的食物链。桑寄生虽然是寄生植物，但在生态圈中亦扮演着重要的角色。

报喜斑粉蝶的幼虫以显脉木兰寄生的叶片为食。

桑寄生红色长筒状的花冠，内藏有甜甜的花蜜，是典型的鸟媒花。花蕊长长地伸展出来，可在啄花鸟吸食时将花粉沾附在啄花鸟的喙上。

不按常理出牌的媒人

为了能够顺利达成传粉的目的，花将答谢媒人的甜美蜜汁深藏在花冠的底部，这样媒人进入取食时，才能够顺道将花粉带走。但有些昆虫及鸟类识破了花的秘密，偏偏不循正常管道，经由前方进入吸食花蜜，反而直接啄破或咬破花朵的基部，让蜜汁直接流泻出来，更加方便它们吸食。

昆虫及鸟儿的身上完全没有沾到花粉，对于花朵的传粉一点帮助也没有。有的鸟儿甚至直接将花瓣一片一片撕扯后再吸食；有些昆虫甚至以花瓣为食，大口大口地把花瓣啃食掉。这种情形其实还颇为常见，让人好奇它们怎么知道可以用这样的方式来取得花蜜？

蜂由底部吸食鸡屎树的花蜜。

喜爱吃花瓣的条纹芫菁，将花瓣啃食殆尽。

吃凉粉草花瓣的毛虫。

单花凤仙花靠近花距的地方被咬出洞。

小灰蝶由侧方吸食花蜜。

毛虫也爱吃花瓣。正在吃野茼蒿的毒蛾幼虫。

金龟子啃食番石榴的花丝。

直接啃食花蕊的金龟子。

台湾半蒴苣苔花筒的破洞。

蛇根草花筒的底端被咬出洞。

Chapter 7

花招百出

THE SECRET LIFE
OF WILD FLOWERS

团结力量大

花为了能够顺利完成终身大事，使出了浑身解数，变化出各种不同的造型、色彩。有的在花萼及花瓣之间做变化，有的则是在雄蕊及苞叶间做变化；有的贴心地为昆虫准备了停机坪，有的则以交通信号清楚地标示花蜜的位置。这些费心的安排及变化，无非是为了吸引昆虫的青睐，并延长它们停留的时间，来增加花粉沾附在昆虫身上的机会，借此顺利地将花粉传递出去，完成传宗接代的任务。以下我们就来看看花的策略。

◎群集生长

一枝独秀、硕大而艳丽的花朵，容易引人注目，如果再加上拥有丰富的花蜜，就很容易吸引虫媒的注意。小而美的花，如果不仔细看，很难让人发现它的存在，因此它们便发挥团队的精神。有的群集众家兄弟姐妹们一起来排队，形成不同的花序。有些则是运用满树开花或是群集生长，形成一片繁花似锦的景象，造成强烈的视觉效果。

◎花的队形

野花在花轴上排列的状态叫作花序。不同的家族排列出不同的队形，有的排列成一直线，有的是长条状，有的是圆球状；有的像是一把伞，有的像蝎子的尾巴，有的则向四方延伸形成一个平台。每种不同的队形中，花开的顺序又不相同，无形中也延长了花开的时间，让昆虫可以持续访花传粉。

植物学家归纳这些排列的方式，有穗状花序、总状花序、头状花序、伞形花序、聚伞花序等不同的名称。感觉似乎很复杂，其实花序变化多端，连植物学家也无法把所有的花序都归纳分类，因此如果记不住这些名词也没关系，可以运用自己的方式，发挥想象力去观察、去记忆。

蓟由管状花排列形成一个圆球状。

苦菜的花由舌状花排列成一个圆盘状。

头状
花序

台湾蓝盆花的花排列成圆盘状的头状花序。

紫云英的花在茎干上
轮生成一圈。

头状
花序

柔荑
花序

菊花家族的特色，便是由许多小花聚集生长在花托上形成一个圆盘形或圆球状，叫作"头状花序"。不同种类的菊花，变化着不同的队形及花形。

男女有别的台湾水柳，雄花及雌花分别开在不同植株上。这是台湾水柳的雄花序，像这样以单一性别形成的长条状花序，叫作"柔荑花序"。

复伞形
花序

伞形
花序

水芹由数十朵小花聚集排列成一把把的小花伞，是复伞形花序。

多室八角金盘的伞形花序堆叠成圆锥状。

穗状
花序

总状
花序

生长在草地上的绶草，美丽可爱的小花沿着花轴由下往上螺旋状排列，就好像走回旋梯一般，十分有趣。小花紧密地生长在花轴上，没有花梗，这种花序叫作"穗状花序"。

紫红色的猫尾草小花聚集在花轴上，形成一种抢眼的视觉效果。这些具有花梗的小花排列在花轴上，由下往上开放。这种花序叫作总状花序。

海桐花如同叠罗汉一般形成一个圆锥状的塔形。花轴有分枝，而每个分枝上的小花都具有花柄，排列向上生长，具有层次感。

◎满树馨华的花树

除了排列成不同的队形引起昆虫的注意之外，有些木本植物是在长新叶之前先开花，以便将精力全部集中在开花繁殖上。当树上所有的花朵都同时绽放时，远看便是一大束花，目标更加醒目。

同样先开花后长叶的木棉花，每年3至4月的早春时节，由光秃的枝干上绽放橙红的花朵，让你无法忽视它的存在。〔游适诚摄〕

先开花后长叶的黄花风铃木，每年3至4月为盛花期。金黄色风铃状的小花挂满树梢，亮丽夺目。

盛开的红楠。黄绿色的红楠花小而不起眼，开花时，团聚在一起，布满枝条，形成一个显眼的目标。

每年4月鱼木开花时，满树的馨华十分壮观。

115

◎花地毯

生活在底层的草本植物，常会群聚生长形成一个大的群落，增加传粉机会。

高山上的玉山飞蓬。

山区的堇菜家族也常聚集生长。从另一个角度看好像一群小蝴蝶。

通泉草在车行往来频繁的安全岛上，形成一片蓝色小花群落。

117

似花非花

通常一朵花最醒目漂亮的部分是花瓣，但有些植物本身的花十分细小，不容易引人注意。因此它们将花萼或苞叶的部分特化成花瓣的样子，植物学家称为"类花瓣"。而这类具有鲜艳色彩的瓣化花萼或苞片，往往形成显眼的目标，担负着吸引虫媒的重要任务。

◎ 花萼瓣化的绣球家族

春天的山林中，每当中华绣球及伞形绣球盛开时，那花团锦簇的模样总是吸引着众人的目光。走近仔细观察它们的花朵，每一朵都长得十分小巧。黄绿色的众多小花，聚集排列生长成为一个平台式的伞形花序，方便让昆虫站立取食。虽然有了这么好的设备，但昆虫不来也没有办法，因此花台外围的几朵花特别将花萼特化成花瓣状，这白色瓣化的花萼在阴暗的森林中十分醒目，很容易吸引昆虫的注意。这种特化的类花瓣是绣球家族的特色，在其他的成员如圆锥绣球、马桑绣球、全缘绣球、长叶绣球的身上，都可发现这个特殊的构造。

不过这门技法并非绣球家族的专利，荚蒾家族中的合轴荚蒾及蝴蝶戏珠花也具有同样的特色。尤其是蝴蝶戏珠花，假花造型与蝴蝶的形状十分类似，整个花序看起来如同许多蝴蝶围绕在黄色的小花中，吸引着其他昆虫的目光。微风轻拂，好像许多蝴蝶在随风起舞，甚有趣。

盛开的绣球，花团锦簇总是吸引着众人的目光。

如何知道这是花萼特化的呢？仔细看白色显眼的"假花"，中央还可看见真正的花瓣，十分细小。

十分细小的花，聚集形成一个平台式的花序，并将外围几朵花的花萼特化，形成醒目的目标。

这"假花"有些甚至也会结果实。

忍冬科家族的蝴蝶戏珠花，也具有瓣化的萼片，这萼片的形状更像蝴蝶，远看就如同蝴蝶群聚花丛中。

蝴蝶戏珠花中央的黄花。

同家族的马桑绣球生长在中高海拔地区，花是紫红色，瓣化花萼的边缘呈现出细锯齿状。

◎叶片化的花萼

圆叶钻地风

　　曾经有伙伴说"圆叶钻地风"像是武侠小说中武林高手的称号。的确是很特别，也许当初为它取名字的人，就很喜爱看武侠小说吧！其实它名为"圆叶"，代表着还有另一种植物是钻地风，只是叶型不同而有所区别。

　　有别于中华绣球，圆叶钻地风的花萼特化成叶片状。爬藤类的圆叶钻地风，攀附在其他植物的树干上，往上争取阳光。不开花时不起眼，每年6月盛开时，白色叶片状的花萼随风招展，远看状似大树开花，不仅吸引虫媒的注意，也吸引人们的目光。

爬藤类的圆叶钻地风，攀附在其他植物的树干上，往上争取阳光。不开花时不起眼，每年6月盛开时，白色叶片状的花萼随风招展，远看状似大树开花。

花萼特化成叶片状。

玉叶金花

玉叶金花的名字取得很有趣，金黄色的花搭配如白玉的叶片，所以叫做"玉叶金花"。而这"玉叶"其实是由花萼特化出来的，也是为了吸引虫媒注意而做的改变。黄色的花在我们看来很显眼，对于昆虫来说却不一定，昆虫眼中的世界与我们大不相同。

"金花"有金黄色漏斗状的长形花冠。

同家族的小玉叶金花，特化的萼片没有发展完成，只有一小块。它的"金花"是黄绿色，花冠较短。

一朵玉叶金花有五枚花萼，其中一枚特化成白玉色的"玉叶"，形成显眼的目标。

园艺观赏常见的是红纸扇，花萼是血红色的，因此又名"血萼花"。

121

◎变色的叶片

　　三白草花小色白，具有微香。当三白草的花苞形成时，在花序周围的叶片开始产生变化，由绿色逐渐转变成白色，形成一大片醒目的色块，衬托着中央的花序。当花朵完成婚配，任务达成的叶片会渐渐褪去白色，恢复原来的绿色，继续进行光合作用，制造养分。这种大自然的神技，着实令人惊叹。

花序旁的叶片由绿色转变为白色。

花谢结果实，叶片恢复为绿色。

三白草白色的小花。

122　　　　　数数看（一、二、三），在花序旁有三片白色的叶片衬托着，所以叫作"三白草"。

◎总苞瓣化

鱼腥草

虽然鱼腥草的叶片散发出来的气味让许多人不敢恭维，鱼腥草的花却长得十分小巧可爱。它没有花萼及花瓣，便在苞片上做变化，特化成白色醒目的花瓣状，衬托着整个花序。

中央是真正的花，既没有花瓣也没有花萼，因此特化总苞来吸引虫媒的注意。

含苞待放的鱼腥草花苞。

刚绽放的花朵，如同戴着小白帽的小女孩。

叶子花

中央三朵淡黄色的小花才是叶子花真正的花，外围的部分是叶子花的苞片特化出来的。

叶子花真正的花位于中央。

◎雄蕊瓣化

　　除了在花萼及苞片上做变化，还有在雄蕊上做变化的植物。例如常见的姜花，那洁白娇柔的花瓣宛如飞翔的花蝴蝶。但这蝴蝶状的"花瓣"其实是由雄蕊特化出来的构造。真正的花瓣十分不起眼，呈现狭长状，藏身于这瓣化的雄蕊之后。

真正的花瓣隐身在后，这三枚白色不起眼的狭长形物，就是它的花瓣。

我们常见的艳山姜，这血盆大口是由雄蕊特化出来的结果，只剩中央一枚雄蕊具有繁殖力。

中央具有花药的雄蕊，则与花柱及柱头形成一个棒状的特殊构造。

姜花的蝴蝶状花瓣是由雄蕊特化出来的，其实是"瓣化雄蕊"，没有花粉，无法繁殖，负责招蜂引蝶的任务。

◎园艺重瓣植物

　　有些园艺家利用雄蕊瓣化的
特性，栽培出许多重瓣的品种，
但这些雄蕊瓣化的花朵早已丧失
繁殖能力，纯粹是为了供人欣
赏。花朵的雄蕊瓣化，自有其用
途，但经由人类的插手，重瓣花
的花朵往往已经无法担负传宗接
代的任务。

一般常见的木槿，众多的
雄蕊聚集将雌蕊包覆住。

有时可以看到其中几枚
雄蕊瓣化的现象。

刻意栽培的重瓣山茶花。层层
叠叠的花瓣，不仅昆虫无法进
入，也没有花粉可以传递，变
成纯粹供人欣赏的产物。

125

蜜源标记

蜜源标记是花丛中醒目的标示，是花的广告招牌。

蜜源标记是花特别为媒人准备的特殊记号，标示着花蕊及蜜腺的位置，让昆虫可以由标示的方向直接切入，宛如一种交通标志。不同的花有不同色彩及形状的交通标志，有放射状的条纹，或是点状的斑纹，有的则是醒目的色块。有的运用对比色彩，用色大胆，强烈耀眼。当然有些色彩是我们看不到的，是独属于昆虫才看得到的色彩密码。

◎斑点蜜标

蒙特登慈姑靠近花蕊旁有三点明显的黑点。

虎耳草的蜜源标记集中在上半部的三片花瓣。

毛地黄有紫红色或白色的花瓣，点缀着深红色的斑点。

韩信草以白色的花冠搭配紫色的斑点。

黑斑龙胆以深色的斑点点缀花瓣，看起来好像雀斑。

锦绣杜鹃的蜜标在上半部的中央花瓣，以深色的斑点
搭配不同颜色的花瓣。

喜爱生长在潮湿的山径旁的尼泊尔沟酸浆，黄色长筒
状的花冠，点缀着红色的斑点。

色块蜜标

独蒜兰中央的唇瓣以红色的线条搭配黄色的斑块指引昆虫蜜腺的方向。

白及的下唇瓣是鲜艳的黄色。

水葫芦黄蓝配的对比色特别醒目，因此也被称为凤眼蓝。

葛藤紫色的蝶形花冠搭配黄色斑块，十分抢眼。

巴西鸢尾以蓝、白、褐三种色系搭配衬托出明显的花心。

全身火红的凤凰木，中央花瓣的黄白色色块特别突出。

全蓝的蓝星土丁桂花配上白色的花心。

阿里山鼠尾草，雄蕊与花瓣的线状色块形成强烈的对比。

艳山姜鲜黄色的色块。

线状蜜标

大花离被鸢尾直接就画
个箭头，告诉你方向。

萱草深浅不同的颜色形成
明显放射状的线条。

红花酢浆草以深浅不同的紫色放
射状线条搭配绿色的花心，有集
中目标的效果。

台湾堇菜下方中央花瓣有条纹状的蜜标。

少籽婆婆纳放射状的线条蜜标。

光叶山姜白色的花瓣搭配红色线条。

岩生堇菜下方花瓣的
条纹状蜜标。

蓝色的阿拉伯婆婆纳搭配白色
的放射状线条。

◎漂亮的雄蕊及雌蕊

一般我们看到的蜜标通常是表现在花瓣上，但有些花则是运用雄蕊或雌蕊的色彩变化来加以标示。

台湾特有的台湾萍蓬草，以鲜艳的红色雌蕊搭配黄色的花冠。

生长在潮湿环境的紫蕊母草，身上除了有漂亮紫色斑纹之外，还有两枚蓝紫加黄色搭配的漂亮雄蕊。雄蕊担负招引蝶类的任务，是不具有花粉的"假雄蕊"。

酸脚杆以紫色的雄蕊，搭配淡粉红色的花瓣。

旱田草伸出两枚黄色的假雄蕊，告诉昆虫花蜜的位置。

山茶花以鲜黄色的花药，形成明显的标记。

泥花草的鲜黄色假雄蕊，担负招蝶任务。〔游适诚摄〕

柏拉木有鲜红色的雄蕊与白色的花瓣。〔游适诚摄〕

淡紫色的麦冬，以鲜黄色的花药作为蜜源标记。

停机坪

　　停机坪是花专门为昆虫媒人提供的贴心服务，让昆虫前来访花时，有一个方便可以停靠站立的构造。它们大多具有平台式的花序，或是平展的花瓣，有的甚至会加附防滑垫，增加摩擦力，以防止昆虫滑落。这样的安排无非是希望昆虫可以安心取食，并多停留一点时间，以增加花粉沾附在昆虫身上的机会，达到顺利传粉的目的。以下来看看不同类型的停机坪。

爵床宽大的下唇瓣，不仅提供了蜜源的指示标志，也让昆虫可以站立。

菊花家族特有的头状花序，宽敞舒适，受到许多昆虫的青睐。

具有平台式花序的台湾绣线菊，宽敞的空间让昆虫可以安心无虑地好好享用蜜粉大餐。

蓝紫色的黄荆，宽大的花冠长满了绒毛，是特制的防滑垫，可避免滑倒。

◎雄蕊跷跷板及荡秋千

　　有些花的雄蕊具有特殊的构造，以巧妙的方式将花粉沾附到昆虫的身上。

腊肠树有两种不同长度的雄蕊，中央较短的雄蕊负责提供花粉给昆虫食用，另外三枚较长的雄蕊有弧状的花丝，方便昆虫站立，而在取食花蜜时，这一摇一摆之间，除了让昆虫荡秋千之外，也顺势将花粉沾附到昆虫的背上，让昆虫带出去传粉。

野牡丹不同长度的雄蕊具有不同的功能。中央五枚较短的雄蕊具有鲜黄的色彩，负责吸引昆虫过来，并提供花粉给昆虫食用。另外五枚较长的雄蕊一方面提供昆虫方便停靠之处，也利用昆虫的取食，将花粉沾附到昆虫身上。

黄花鼠尾草雄蕊有长长的花丝，如同一个跷跷板，当昆虫钻进这长管状的花筒中时，花丝便会被推移，将上方的花粉沾到昆虫的背上，让昆虫不知不觉成为传粉的使者。

花距

　　花距是花朵藏蜜的地方，通常由花瓣特化形成一个管状或袋状的构造。不同的植物，花距生长的造型有些不同，大多生长在花冠的基部，由其中几片花瓣闭合而成。凤仙花家族、堇菜家族及紫堇家族，身上都有这个特殊的构造。

　　这个构造一方面锁定了特定的媒人，只有某些身体构造合适的昆虫，才能吃到它的花蜜。另一方面则延长了昆虫吸食的时间，让它们花较多的时间去探寻花蜜，以确保昆虫身上沾附足够的花粉，增加授粉的成功率，从而达到传花授粉的目的。

苏丹凤仙花的花距呈细长状，只有口器细长的蝴蝶或蛾才能吸食到花蜜。

口器较短的弄蝶，为了能吸取更多的蜜汁，将头往花心中靠，头顶沾附了花粉。

◎各类型的花距

台湾堇菜细长的花距。

台北堇菜的花距小而不明显。

小堇菜。花距是堇菜的家族特征之一，不同的种类，花距的长短及粗细稍有不同。

关雾凤仙花除了弯钩之外，尾端还开叉。辛勤访花的蜂类，是台湾原生凤仙花锁定的媒人。

台湾有三种原生的凤仙花，花距的形态也稍稍有差异。棣慕华凤仙花的花距是长条状。

单花凤仙花有弯钩状的花距。

黄堇。

刻叶紫堇及黄堇的花距呈现倾斜状。

油点草不仅叶片似乎被油泼洒了一般，连花被都是斑点。在花被的底端有几块突起，蜜腺便在其中。

蜜腺及蜜杯

"坐，请坐，请上座！蜜，上蜜，上好蜜！"花儿费尽心思，绞尽脑汁，吸引昆虫过来，若没有美味的花蜜，昆虫仍然是不屑一顾、掉头就走的。因此花儿为了好好招待媒人，特别准备了丰美的琼汁蜜液，来酬谢它们传粉的辛劳。有些大方的花儿，准备得更是周到，直接将蜜汁装在杯子里，特别为昆虫媒人奉上最好的蜜茶，让媒人尽情地享用，十分贴心周到。

◎接骨草

接骨草可说是最大方的花儿啦！除了排列成平台式的花序，让昆虫方便停留，花序中还放了许多小杯子，里面是接骨草特别为昆虫准备的蜜茶。这就好像山区路旁的茶水亭，提供茶水给赶路口渴的人取用。这个可爱的小杯子，不同植株有不同的颜色，有黄色，也有红色。常常可以看到贪心的蚂蚁，直接爬进杯子里。神奇的是，当花完成授粉凋谢后，这蜜杯便转变为绿色，可进行光合作用，制造养分，真是多功能用途的杯子。

花序中的蜜杯是特别为昆虫准备的，常见的各类昆虫在其中爬行吸食花蜜。这只贪吃的蚂蚁，甚至整只爬进了杯子里。

杯子颜色有黄色，也有红色，以鲜明色彩吸引昆虫。

接骨草的花，十分细小不醒目，不容易被发现。

花完成授粉凋谢后，这蜜杯便转变为绿色，可行光合作用，制造养分，真是多功能用途的杯子。

新店獐牙菜的蜜腺在花瓣上，鲜艳欲滴的蜜水，在阳光的照耀下闪闪动人。昆虫怎能禁得住它的诱惑，纷纷前来报到。

高山上的细叶獐牙菜与新店獐牙菜是同一家族的成员，也有外露的蜜腺。除了花瓣中深绿色的蜜腺，也有斑点状的蜜标指引昆虫方向。

据说吃了大狼毒，气势有如五虎下山，因此江湖上号称"五虎下山"。它可是有毒的植物，汁液具有毒性，只可远观不可亵玩焉。中心鲜黄色的部分，便是为媒人准备好的蜜腺。

橘红色具有斑点的射干，蜜腺在三枚花瓣上，在阳光下清楚可见蜜汁。

居家盆栽的虎刺梅，也具有外露的蜜腺，吸引昆虫前来取食。

一品红的花心，看似一张小丑脸。那黄色的小丑嘴巴就是一品红为昆虫准备的蜜腺，饱满的蜜汁藏在其中。

花陷阱

花不见得都是这么温柔善良地寻求媒人协助，有些花会使用机巧狡诈的方式，制造陷阱，强迫昆虫为它们传粉。

◎马兜铃

台湾可以看见的马兜铃花有两种花形，一种整体的造型就像萨克斯，另一种则像长筒的喇叭。这特殊的造型是为了确保媒人能够达成传粉的目的而产生。马兜铃是男女合体的两性花，雄蕊及雌蕊就生长在这特殊花冠的底部。花的顶端长着一个暗红色的大面盘，据推测应是模拟腐肉的颜色，用来吸引昆虫。

刚开放的马兜铃花，雌蕊先成熟，并由花冠底部散发出腐败的臭味，吸引蝇虻过来，并钻入花内寻找这气味的来源。花冠筒的内壁长满倒生的逆毛，让昆虫只能进不能出，仿佛被花囚禁了。但遭到囚禁的蝇虻还有牢饭可以吃，因为在花冠的底部有蜜腺，让昆虫有食物可以吃，不至于饿肚子。

经过了一晚，雌蕊枯萎，换雄蕊成熟，花药开裂，并散发出花粉，而在其中爬行的蝇虻，身上便沾附了花粉。原本阻碍出口的逆毛，这时也开始变软萎缩。这些被关了一夜的蝇虻，不久便可重见光明。虽然有被囚禁的经验，但蝇虻仍然禁不住诱人气味的迷惑，再次进入花陷阱中，马兜铃也因此达到了异花授粉的目的。

在一次解说的过程中，刚好从地上捡拾一朵掉落的马兜铃，剥开观察其中的构造，就有一只虻从里面飞出来，也印证了阅读的相关资料。在观察的过程中，基本上是以不干扰、不破坏为原则。虽然有些部分必须要破坏才能看得到，不过我宁愿捡拾掉落地上的。毕竟我们不是专业的植物学家，没有必要为了观察而破坏好好的花朵。

马兜铃锁定的目标是体型小的蝇类，因此散发出腐臭味，花的造型也只能让这体型小的昆虫钻入。

港口马兜铃的花，看起来像长筒状的喇叭。

利用掉落的花，剥开观察深藏花筒内的花蕊。

瓜叶马兜铃的花，看起来像乐器萨克斯。马兜铃的雌蕊先成熟，清晨开花到夜晚是柱头授粉的时间。半夜柱头萎缩，失去授粉能力，换雄蕊成熟，以避免自花授粉。

◎睡莲

　　我们常见的睡莲则运用着不同的策略。雌蕊先成熟的睡莲，第一天开放时，花心中可以看见一池水，这池水是由柱头分泌出来的，尚未成熟的雄蕊直立排列在侧。第二、三天雄蕊成熟，花药开裂，花蕊的上方会互相接连，盖住下方的柱头，方便让昆虫进入采粉。第四天较晚开放，闭合后便沉入水底。

　　在雄蕊成熟的阶段，提供丰美的花粉给各类昆虫食用，这高级的餐点服务，让昆虫乐于逐花拜访。若是跑到雌蕊成熟阶段的花朵上，不知情的昆虫一旦站上这光滑直立的雄蕊，很容易便会滑落掉入花心的池水中，也因此将身上的花粉带上柱头而为睡莲完成传粉。

第一天刚开放的睡莲，花心的柱头分泌出来的液体。

不同成熟阶段的睡莲。昆虫一不小心便溺死在花心的水池中，但还是为睡莲完成了传粉。

雄蕊成熟阶段的睡莲，花药开裂，让昆虫取食采粉。

144

花丛间的杀机

花提供了食物吸引昆虫媒人过来，但猎食者也懂得利用昆虫这爱吃的习性，蛰伏在花丛间，守花待虫，当昆虫为了大餐而失去戒心时，给予致命的一击。最常见的就是颜色与背景环境十分相似的螳螂以及花蜘蛛。虽然看似残酷，但这也是大自然运行的法则。

蟹蛛类的蜘蛛常常蛰伏在花丛间捕食昆虫，具有高超的伪装术，完全融入花丛间而不易被发现，常被称作"花蜘蛛"。花蜘蛛会捕食比自己身形大很多的昆虫，小小的掠食者，一点也不逊色。

藏身在野棉花花蕊中，守花待虫的花蜘蛛。

不同种类的花蜘蛛具有很好的伪装色彩，能融入背景环境中。

145

身体的颜色与枯枝一模一样的螳螂，蛰伏在花丛间。

三角蟹蛛与厚藤花蕊的颜色相近，捕食前来取食的蜜蜂。

即使是十分细小的花蜘蛛，仍然可以捕食比自己身体还要巨大的昆虫。

三突花蛛身上的斑纹与鬼针草花心的颜色相近，让昆虫容易失去戒心。

Chapter 8

与花有约

THE SECRET LiFE
OF WILD FLOWERS

朝起暮落——白天开的花

日升日落，月有阴晴圆缺，大自然自有其运行的规律及法则，而生活于自然之中的万物，为适应环境亦有自己的规律。位居亚热带的台湾，随着不同的季节，有不同的花朵展芳吐蕊，仿佛和大家约好了一般，依时绽放，如3月的流苏树、4月的油桐、5月的酸叶胶藤，使赏花也成了一种生活节庆。

除了季节花之外，在一天之中也可看见不同的规律。例如早起的牵牛花，凌晨就张开喇叭状的花朵吹奏起床号；金午时花由于太早起，因此过了中午，便早早闭合花冠补眠去了。夜间活动的紫茉莉，则是在下午4、5点开花，提醒出外串门子的妈妈要回家煮饭了。有的花则是阳光家族，随着阳光而流转开合，当阳光被遮蔽时，伤心地合起花瓣，等到太阳出来才绽露笑脸。

由于白天活动的昆虫比较多，因此许多植物选择在白天开花。它们也会彼此错过时段，让昆虫可以为不同时段开花的植物授粉。通常早起的花，在过了中午之后，花瓣逐渐收拢，至傍晚完全闭合，有些闭合的时间会更早。让我们来看看一天之中不同的花开时间吧！

◎马齿苋

马齿苋是生长在路旁草地上不起眼的小草，一般都被视为杂草，肉肉的茎叶，看起来似乎具有许多水分。据说就是因为它的叶子长得和马的牙齿一样参差不齐，所以叫作马齿苋。早期农家没东西可吃的时期，也会摘采马齿苋来烹调当食物。据说王宝钏苦守寒窑十八年吃的就是马齿苋。虽然是不起眼的杂草，但仍然不忘完成生命的传承，大约早上7至10点是主要的开花时段，过了10点就会闭合，因此想要看到它的美得把握时机才行。同家族的大花马齿苋、毛马齿苋都具有相同的特性。

生活在海边的毛马齿苋，叶腋有长毛，厚厚的叶片是它们适应海边干旱环境的法宝。紫红色的花开放在顶端，花开的时间不长，很快就凋谢了。

◎清晨的牵牛花家族

　　喜爱早起的牵牛花，在晨曦微露之时，早已盛装打扮好，因此日本人为它们取了很雅致的名字"朝颜"，法国人则叫它们"清晨的美女"，真是富有诗意的名字。牵牛花家族的特性都是白天开花，晚上闭合。不同的种类，闭合的时间稍有不同。

五爪金龙凌晨2点就开始准备开花，由于牵牛花的花冠较为柔弱，须避免阳光的强烈照射，所以过了中午便准备闭合。若遇到阴雨天，闭合的时间会提早。

早起的三裂叶薯，大约10点左右便开始收拢花冠，打算睡个午觉。一到中午，花冠已是完全闭合紧缩一团的状态。

同样是旋花科家族的土丁桂，生活在海滨沙滩，蓝色的小花点缀在匍匐生长的茎条间。在阳光的照射下，灿烂夺目。

中午是太阳最炙热的时候，土丁桂也在此时逐渐收拢花冠，闭合休息。

◎过了中午就午休的白背黄花稔

　　金黄色的白背黄花稔，小巧可爱的花朵呈螺旋状，名字的由来应该与中午有关。一般以为它是在日正当中的中午时段开花，但根据个人的观察经验，其实它是在早上开花，而且这小巧的金黄色小花只有半天寿命。一早绽放花朵，过了中午12点，便开始逐渐闭合，而且是逐渐旋转闭合，最后完全紧缩至花萼中，不知情的人还以为是尚未开放的花苞。

AM 09:03

上午盛开的白背黄花稔。金黄色螺旋状的小花，十分可爱。

AM 11:26

接近中午开始收拢花冠的白背黄花稔。

PM 12:40

中午过后，闭合的花冠紧缩到花萼中。

PM 02:10

完全紧闭到花萼中，像是花苞。

◎喜爱阳光的家族

　　植物中有些花对于阳光很敏感，当阴天或雨天天气不佳时，花朵闭合，等到太阳出现才会绽放花朵。

　　平地常见的酢浆草便具有这样的特性。无论是黄花或是紫花的酢浆草，都是喜爱晒太阳的阳光家族，当阳光遮蔽或雨天的时候，花朵会闭合呈现花苞状。一见到太阳，便开心地绽开笑颜，十足的阳光模样。中高海拔常见的山酢浆草是台湾原生的植物，也拥有相同的特性。一早尚未被太阳照射到的阴暗山径上，山酢浆草依然含苞待放。到了阳光处，便可看到它绽放出美丽的花朵。

盛开的酢浆草，鲜黄色的花瓣十分亮眼。

遇到阴天时花朵会闭合，若是下雨则干脆不开花了。毕竟在雨天会出来活动的昆虫很少，所以就干脆继续睡大头觉。和叶子一样，在天黑时花朵也会闭合。

台湾原生的山酢浆草，一早在太阳尚未照射到的阴暗地，呈现半开状态。

见到阳光，也可见到山酢浆草美丽的容颜。

平地常见的苦菜（中华小苦荬）也是阳光一族，天气好的时候，花开得很茂盛。

下午2点多，变成阴天，便早早收起花瓣。

相约黄昏后——夜晚开花

黄昏之后开花的植物也不少，例如我们熟知的夜来香、昙花、紫茉莉、玉蕊、月见草等，都是黄昏之后才开花的植物，因此若要赏花得相约黄昏后才行。

喜爱夜生活的花，选择在大家都休息的夜晚开放，为的是吸引夜行性的昆虫及动物为它们传粉，通常散发出浓郁的香味，指引着花的位置。

菜豆树的花苞。〔高永兴摄〕

◎菜豆树

叶子长得和苦楝有些像，因此也有个俗名叫"苦楝舅"，看来苦楝的舅舅还真不少。一直只看到它的叶子及豆荚，却未曾见及花朵。后来才知道原来它是夜间开花的植物。

为了访花，特地到台北大安森林公园。傍晚时分便逐渐绽放花蕾，到晚上7、8点时，高举着喇叭状的花朵，仿佛在吹奏着夜的奏鸣曲。纯白色的花朵，在夜间十分显眼，淡淡的幽香在空气中传播着。由于花朵长在高高的树顶端，再加上又是晚上，没办法拍得很清楚。等到清晨再去，花朵都已凋谢，掉落在地上。捡拾掉在地上的花朵，雄蕊的花药排列成蝴蝶状，很特别，雌蕊则留在树上准备结果实。花朵的底端摸起来黏黏的，有许多蚂蚁爬来爬去，由此可见菜豆树的蜜源十分丰富，吸引夜间活动的蛾类前来吸食，并为它传粉。

夜间开花的菜豆树，高举着喇叭状的花朵，仿佛在吹奏着夜的奏鸣曲。〔高永兴摄〕

菜豆树的落花。雄蕊的花药排列成蝴蝶状，雌蕊则留在上头。一般生长在低海拔的阔叶林当中，每年的4至5月是花期，台北大安森林公园及植物园都有栽植，可以就近去观察。

◎瓠瓜

菜圃中的瓠瓜是选择在夜晚开花的植物。黄昏时可见含苞待放的花蕾直立在茎条之间，随着暮色的降临而渐次开放，愈晚开得愈盛。纯白轻柔的花朵，仿佛在夜间跳舞的精灵，因此日本人给它一个很美的名字，叫做"夕颜"。

含苞待放的瓠瓜花。

清晨即闭合凋谢。

夜间盛开的瓠瓜花，纯白轻柔的花朵，仿佛在夜间跳舞的精灵，吸引着夜间的昆虫为它们传粉。

夜间开花的王瓜，有羽裂状漂亮的花瓣，纯白的花也颇具淡雅之姿。

153

◎提醒妈妈回家煮饭的紫茉莉

紫茉莉虽然是引进到台湾的植物，但在台湾已驯化很久，除了一些居家的栽植之外，野外也可见生长。小时候叫它"煮饭花"，因为它总是在下午4、5点的时候开花，这也是妈妈准备晚餐的时间。每当看到紫茉莉开花，在外面串门子的妈妈就得赶快回家准备晚餐，而在外玩耍嬉戏的小朋友也要回家洗澡了，因此又有另外一个别名，叫作"洗澡花"。

为了观察记录紫茉莉的开花时间，利用一个午后到植物园的分类园区，观察其中栽植的紫茉莉。大约下午3点，几朵早开的紫茉莉已经绽放花蕾，所幸在旁看到一朵尚未开放的花苞，便以这朵花为目标，每间隔一段时间回去记录。观察的结果是，这朵紫茉莉由3点半便开始逐渐产生变化。4点时，花苞开始产生变化，花苞膨胀，原本紧闭的花苞渐渐舒展，大约10分钟后已经半开。20分钟后，原本蜷缩在花蕾中的花蕊，逐渐伸展外露。雌蕊先伸展出来，接着是雄蕊。就像抛散出去的绳索，最后雌蕊的花柱会长长伸出于雄蕊之上。

观察的过程中，原本晴朗的天气逐渐转阴，进而下雨，但紫茉莉并未因为阳光的变化而停止绽放，可见开花与光线无关。在靠近拍照的过程中，突然闻到一股香味，原来半开的花就已经开始释放香气了。第二天一早10点，昨天傍晚记录的那一朵花已经凋谢了，但尚未完全闭合，雌蕊的花柱仍然伸展在外，弯曲形同一个问号。开花的时段大约是下午4点到第二天的上午10点。

PM 03:15

下午3点花苞仍然紧闭。

PM 04:02

下午4点花苞开始舒展。

PM 04:13

花蕊伸展到外，雌蕊的花柱先伸展出来。

PM 04:24

完整开放。第二天早上约10点闭合。

◎夜晚放焰火的玉蕊

　　台湾有两种玉蕊，一是生长在南台湾海岸林及兰屿的滨玉蕊，一是生长在北台湾宜兰及恒春的玉蕊。两者的差别在于滨玉蕊是单朵花开放在枝条顶端，而玉蕊的花朵则是排列成长穗状。

　　无论是滨玉蕊还是玉蕊，它们都有众多的雄蕊，和一般花朵大不相同。一般花朵的重点在花瓣及花萼，它们却把重点放在雄蕊上，众多的雄蕊呈现放射状排列，并形成粉扑状，开放在夜空中，如同一缕缕鲜艳夺目的焰火。

　　为了记录玉蕊的开花时间，特意到台北植物园观察。大约在下午3点多便开始陆续有花朵准备绽放了。花苞撑开，露出花丝，首先是雌蕊长长的花柱伸出花外，接着则是众多的雄蕊，上百条细长的花丝，由蜷曲而逐渐伸展，到下午5点已完全盛开。

　　花轴由叶中伸出，悬吊在空中，由上往下依序开放，其实是由靠近叶端的基部逐渐绽放，花萼分裂成星状，火焰状的花朵，依序生长在长长的花轴，开放时有股馨香，花轴上吸引许多蚂蚁爬行，可知每朵花蕴藏着丰富的花蜜，吸引许多夜间活动的蛾类。蛾有长长的吸管，可以悬挂在外吸食，第二天早上9点再度前去观察，前晚开放的花朵逐渐掉落在地上，即使是凋谢了，花的香味依然还在。

含苞待放的玉蕊。

下午5点多，花柱已伸展出来。

宿存的花萼有许多蚂蚁爬行。

盛开的花朵。

156

花轴由叶中伸出，悬吊在空中。众多的雄蕊，呈现放射状排列，形成粉扑状，开放在夜空中，如同一缕缕鲜艳夺目的焰火。

◎看见月亮就开花的月见草

到北海岸赏夕阳时，路旁沙地上开满了裂叶月见草。落日余晖，晚霞点点，搭配着鲜黄色的小花，形成另种风情。

在台湾可见的月见草有4种，包括待宵草、大花月见草、裂叶月见草、月见草，其中以裂叶月见草较为常见，大多生长在海滨地区，很奇特的是在中海拔的一些林道路旁也可以见到它们。无论是等待夜晚的"待宵"，或是月亮出来就可以看到花开的"月见"，都是在黄昏的傍晚时分，便可以看见它们鲜黄色的花朵。

裂叶月见草有低矮的身形，为了适应海滨，匍匐生长，开满沙地，散发出香气，吸引夜间活动的昆虫前来传粉。花粉具有黏性，彼此会互相牵连，每当昆虫来此用餐，吃完要离开时，沾附在身上的花粉会牵出一长串花粉，跟随昆虫到另一朵花上。

傍晚开花的裂叶月见草。花粉具有黏性，彼此会互相牵连。

清晨，花逐渐闭合凋谢，花的颜色也会由原来的鲜黄转为橘色。月见草大多都是外来客，长久以来，它们已适应台湾的环境，在台湾的滨海地区或是中海拔山区野地都可以发现它们的踪影，在野地自在地生长。

中海拔山区可见的是黄花月见草，有直立的茎干，有时可以长到1米高，和裂叶月见草相比，这是大了许多号的花朵。

季节之花

位居亚热带的台湾，一年四季都有不同的植物开花。随着季节的更迭，不同的开花植物轮番上阵，装点山林。花期较长的植物，让我们可以长时间欣赏到它们的美丽花朵。而花期较短的植物，只在某些特定的季节开花，因此我们若要赏花必须先掌握花时。我们在平时的观察中，可将这些不同地区、不同季节的花时记录下来，不仅可以了解时令，也方便日后赏花。

◎ 春夏之花

挥别了寒冷的冬日，万物以全新的面貌迎接春天的到来。春暖花开，同时也是许多昆虫、动物活跃的季节，更是花朵争奇斗艳的季节。春夏开花的植物，多半是属于长日照的植物。

樱花家族

台湾原生的樱花，包括分布最广的钟花樱桃、在中高海拔地区的雾社樱以及白中透红的阿里山樱，彼此错落着开花的时间，为山林换上不同的彩衣。每年3、4月是最佳的赏樱季节。

绯红色的钟花樱桃，在寒冷的1月开花，因此又被称为绯寒樱，是台湾分布最广的樱花。

接续钟花樱桃盛开的是中海拔山区的雾社樱，花色纯白。

阿里山樱的花期在雾社樱之后的3月下旬，花色白中透着红晕。

159

◎杜鹃花家族

淡淡的三月天是平地杜鹃花盛开的季节，阳明山的杜鹃花季更吸引了众多的赏花人。其实台湾原生的杜鹃花也拥有娇艳的花姿，由平地至高山，不同的杜鹃花依序依时地装点着山林的色彩。尤其是高山上的玉山杜鹃及台红毛杜鹃，那姹紫嫣红的美丽境界，唯有亲身经历才能感受那份繁花盛景之美。

玉山杜鹃花序，每次开约5至20朵白色至淡粉红的花。

生长在高山的玉山杜鹃，以低矮匍匐的身形来适应高山的环境。每年5至6月是它的花期。合欢东峰的玉山杜鹃在云雾中忽隐忽现，另有一番朦胧之美。

玉山杜鹃的钟形花冠具有红色的蜜标，指引昆虫来取食。下雨时也是昆虫良好的避雨场所。

3至5月是马银花盛开的季节，生长在中海拔的部分地区。台中武陵农场一带是比较容易观察的地方。开花时散发出浓郁的香气，花色会由白色逐渐转变成为淡粉红色。

台湾的杜鹃花有两种生长形态，一是低矮的灌木状，一是高大的乔木状。鹿角杜鹃便是属于高大乔木状的杜鹃花，粉紫的花簇生在枝端，清新脱俗，并散发着迷人的香味。主要分布在海拔300至2500米的阔叶林中，花期3至5月。〔游适诚摄〕

叶子最细小的细叶杜鹃，由于最初被发现是在台中的志佳阳大山，所以又叫作"志佳阳杜鹃"，也是台湾特有的杜鹃花之一，在台中的山区有密集分布。花期在4至6月。〔游适诚摄〕

台红毛杜鹃的垂直分布范围颇大，在海拔100至3000米的山区都可见到它的踪影，喜爱阳光，大多生长在高山草原裸露的坡地，每年5、6月在合欢山区形成一大片的花海，是每年必赏的野花盛宴。〔游适诚摄〕

◎草地上的春天

不只是高大的树花，还有许多可爱的小草花也在春天展露芳华，值得我们仔细欣赏。

喜爱潮湿的水芹，春天的草地上到处都可见那一球球白色的花团。虽然单朵的花十分细小，但仔细观察，也长得十分淡雅动人。

"夏天到了就会枯萎"的夏枯草，春天时一株株蓝紫色的夏枯草开满草地，形成一片紫色花海。可爱的唇形小花，排列在花轴上形成一个圆棒状。

长着白色小花的凸脉附地菜，喜欢生长在潮湿的坡地，3、4月间盛开时常群集生长，形成一个大群落，为森林铺就一片白色地毯。

春天开在森林底层的杜鹃兰，淡紫色的小花排列成马鞭的形状。

春天潮湿的山径旁常可发现抽着高高花茎的台湾唢呐草。唢呐草花有羽裂状的花瓣，开花时向下低垂，结成果实后则自动翻转，向上开裂散播种子。

162

◎夏季的高山野花盛宴

高山的春天来得比平地还要晚，因此夏、秋两季正是高山野花摆脱冰冷的气候，尽情绽放的时候，要利用这短短的几个月时间完成传宗接代的大事。因此，夏季是欣赏高山野花的最佳时机。

许多高山的植物都以"玉山"为名，这是因为当初最早的采集地是在玉山。玉山金丝桃金黄色的花瓣，在阳光的映衬下十分耀眼夺目。

生长在南湖大山上的南湖柳叶菜，喜爱生长在阳光充足的裸露地，每年6至9月是花期，常群集生长，形成一片粉红花海。〔游适诚摄〕

在向阳的裸露地及岩屑地等如此贫瘠的环境中，常可见玉山佛甲草欣欣向荣地绽放美艳的金黄色花朵，它们的适应能力令人敬佩。

台湾小米草是高山上常见的小精灵。〔游适诚摄〕

藜芦暗红色的花冠是较为少见的花色，喜欢生长在阳光充足的地方。

轮叶马先蒿的紫红色小花，宛如穿着花裙的小女孩，沿着花轴四面跳舞，十分可爱动人。

虎杖的花期很长，从6月到10月都可见到它那红白相间的耀眼花朵。冬天时地表上的枝叶全都枯萎，以地下根所储存的养分来过冬。

◎秋冬之花

　　温暖的春天，万物在此时展现无限的生机，许多植物含芽吐蕾，呈现欣欣向荣的样貌。不过有些植物却选择在秋凉冬寒的时节开花，不与春花争艳，独自吐露芳华。这些秋冬开花的植物，大多为喜爱短日照的植物，它们在光照长的夏季，尽量以光合作用来储存养分，养精蓄锐，等到短日照的秋冬来临，便争相吐艳，绽放花颜，完成生命的传承。它们虽然没有春夏之花的绚丽色彩，却自有一份淡雅素朴的气质，也为秋冬的生物提供蜜源食物，我们就来看看这些可爱的秋冬之花吧！

◎秋菊有佳色

　　入秋之后，随着地球公转的推移，太阳不再直射北半球，日照的时间也愈来愈短，一些喜爱短日照的菊科植物，便在此时绽放芳华。走一趟山野步道，便可发现各类型的菊花在此时绽放。例如具有王者气息的肿柄菊、清秀的台湾蜂斗菜、清新的一枝黄花、爱爬树的假东风草、叶片具有馨香的台湾泽兰，让低海拔的山林热闹极了；小巧可爱的狗娃花，则是秋季滨海地区最常见的小野菊、油油亮亮的野菊、到处攀爬的千里光、身穿毛衣的单毛毛连菜、浪漫多彩的秋英，点缀着秋日的中高海拔山林。

叶片馨香的台湾泽兰，分布范围很广，由低至高海拔都可见到它们。开花时宽大的花序，有时会染上红晕，形成红白相间的花色，十分美丽。

一枝黄花是十分具象的名字，一丛黄花矗立在枝条顶端，在草丛间十分耀眼。

秋天开花的林荫千里光，花序中央的舌状花会随着花朵的成长，由黄色变成红棕色。

适应力很强的肿柄菊，自引进台湾之后，在各地都可看到它的生长。硕大的花序，看似小一号的向日葵，是秋日野地中耀眼的明星。

狗娃花是秋季滨海地区最常见的小野菊。

油油亮亮的野菊生长在中高海拔的山区。

◎五加科家族

　　五加科家族包括鹅掌柴、多室八角金盘、通脱木、楤木、台湾常春藤等，都具有冬季开花的特性，它们的花朵细小而不起眼，但数量很多，聚合成一个大型的花序，顶生于枝端。全身长满细刺的台湾楤木，在枝端挺着黄白的大型花序，在灰蒙蒙的秋山衬托之下，显得明亮动人。鹅掌柴的黄绿色小花，虽不如台湾楤木起眼，但蜜蜂可不会忽略了它，是蜂类重要的蜜源食物，也是低海拔偏湿环境里常见的植物。

多室八角金盘细小的花朵聚合成一个大型的花序，顶生于枝端，成为醒目的目标，吸引昆虫前来采蜜。

台湾楤木在枝端挺着黄白的大型花序，在灰蒙蒙的秋山衬托之下，显得明亮动人。

平地常见的鹅掌柴，黄白色的花十分细小而不起眼，却是十分重要的蜜源植物。

秋冬开花结果的通脱木，给昆虫及鸟儿提供冬日的食粮。

◎冬天的休耕田

　　每当11月第二期稻作收割完成后，许多农民便在休耕田中撒下油菜的种子，让年底的两个月绽放一大片黄澄澄的花海，到了来年的春季再翻入土中做绿肥，以滋养土地。但这黄澄澄成片的花海，形成壮阔的胜景，为萧瑟的冬季增添了美丽的风采。近年来，休耕田也变成了观光产业，大量栽植各类观赏植物，如大波斯菊、向日葵等，吸引无数游客前往农村观光。

　　除了刻意栽植的绿肥及观赏植物外，在无人理会的休耕田地，常会发现熊耳草形成的紫色地毯。这充满野性之美的紫色花颜，为荒芜的田地增添了许多浪漫色彩。

熊耳草喜爱生长在较为潮湿的地方。

秋英（大波斯菊）具有菊科家族特有的头状花序。

秋英花田。近来许多地方都在休耕田栽植大波斯菊，以做观光之用。新竹、花东一带十分常见。

花东部分地区的休耕田以向日葵花田做观光之用。

油菜花是十字花科家族的成员，具有两长两短的雄蕊。油菜花田是冬季的赏花盛景，全台湾各地的休耕田都可见到黄色花海。

无人理会的荒芜田地，被熊耳草占满，形成紫色梦幻的花海。

◎山茶家族

山茶家族大多在秋天到次年早春之间开花，其中秋冬开花的大头茶是相当常见的茶科植物。硕大的花朵开放在枝条的顶端或叶腋，微微地散发出香味，吸引昆虫前来取食。喜爱阳光的大头茶，大多生长在向阳的坡地及山脊上，每当花朵掉落时，整个花瓣与雄蕊会一同掉落，硕大的白花掉落满地，远看会以为那是没有公德心的人乱丢的卫生纸。它的叶子很特别，叶尖微凹，如同具有美人尖的双下巴。老叶在掉落之前，会先变红，此时绿、红叶相间，杂以白色硕大的花朵，甚为壮观，且赏心悦目。由于蒴果会留存在枝干上长达一年之久，到第二年才开裂，隐藏其中的种子靠风传递，所以大头茶多生长在陡坡的迎风面。

大头茶的叶子很特别，叶尖微凹，如同具有美人尖的双下巴。

大头茶多生长在陡坡的迎风面，有利于种子的传播。

大头茶落花时，整个花瓣会与雄蕊一起掉落，洁白而硕大的花朵掉落满地，远看会以为是没公德心的人乱丢的卫生纸。

山区自在生长的茶树，在秋冬之际绽放美丽的花朵。

喜爱远眺阳光的大头茶，多生长在向阳的坡地及山脊上。硕大的洁白的花冠搭配着众多的黄色雄蕊，还会散发出微微的香味，吸引昆虫前来取食。

Chapter 9

万般皆
是花

THE SECRET LIFE
OF WILD FLOWERS

花开的位置

生活在海边的番杏，花十分袖珍小巧，开放在叶腋。没有花瓣，黄色的部分是萼片。肉质厚厚的叶片是它的生存法宝，甚至会通过叶片将多余的盐分排出体外。

除了苔藓类及蕨类植物之外，大部分植物都会开花。从演化的角度来看，花是由叶片特化出来的构造，因此花生长的位置大多是在茎干上，由枝条的顶端或由叶腋间抽出花序。有些植物的花朵很容易被忽略，一方面是因为开花的部位较不明显，另一方面则是花朵过于娇小。这时候我们得改变观察的视角，才能够发现它们。且让我们一一来观察生长在不同位置的花朵吧！

生活在海边的滨海珍珠菜，每年的夏天是它盛开的季节。淡雅的小花有长长的花梗，自叶腋之间抽出。

◎ 叶腋之花

滨海珍珠菜开花时成群结队，形成一片繁花盛景，点缀着海滨的风华。

◎树干上的花

水东哥： 喜欢生活在潮湿环境的水东哥，许多人常将它与水同木混为一谈，不过看它们开的花便可以分辨两者。小巧可爱的水东哥花，花茎直接由树干上抽出，花朵向下开展，好像一盏盏小台灯，成熟的果实是好吃的小野果。

成熟的果实是好吃的小野果。

花朵向下开展，好像一盏盏小台灯。

高大的水东哥，迷你粉红的
小花开放在树干上。

◎ 叶长花

台湾青荚叶

　　台湾青荚叶又叫作"叶长花"，是植物界特立独行的分子，它的花开在叶片中央的主脉上，而且还是男女有别的树。喜欢生长在阴暗潮湿的森林中，每年4月是它们开花的季节，男生树的雄花数量通常比女生树的雌花多。既然花开在中央，果实当然也是结在中央！成熟时是黑色的，绿叶衬着黑果，很是特别。花原本就长在枝条或花茎上，若将叶脉看成茎的延伸，那么在叶脉上开花，也是有迹可寻的。

特立独行的青荚叶把花开在叶脉的中央，又叫作叶长花。这是雄花。

果实当然也是结在花开的部位。

台湾青荚叶生长在阴暗潮湿的森林中，每年4月是开花的季节。

地面上的花

自然观察的脚步通常要十分缓慢，才能发现许多意想不到的美丽世界。许多可爱的花朵就长在我们的周遭、脚边，我们得改变行走的速度及观察的视角才能发现它们的美。

◎ 裸柱菊

在草地、草坪上十分常见的裸柱菊，常群聚生长，那形如芫荽的叶片，将草地点缀得绿意盎然，如同铺了一层绿地毯。很少人会留意到它的花，因为花朵开在靠近地面的地方，必须拨开翠绿的叶丛才会发现。裸柱菊也是菊科家族的一员，虽不起眼，但仍然具有菊科家族的特色。

裸柱菊绿意盎然的叶片。

埋藏在叶丛间的花。

◎ 普陀南星

近郊的山区常可见到普陀南星大大的叶片，佛焰苞由两片叶中伸展出来，造型像一只耳朵，与家族中的其他成员不太一样，花序便藏在佛焰苞之内。

佛焰苞的造型像一只耳朵。

普陀南星三片硕大的叶片是明显的特征。

佛焰苞由两片叶中伸展出来。

175

◎兰花参

　　水泥地的缝隙中有一丛杂草，如果你真的当它是杂草，那么你将永远无法发现它。这丛杂草开着美丽的蓝色花朵，有个美丽的名字叫作"兰花参"。虽然不是兰花，因为美丽的形态而有"兰"之名。除了欣赏它的花形，还可以观察花开花落的完整生命历程。

原来是可爱的兰花参。

这是杂草吗？蹲下来仔细看。

兰花参的花苞。

枯萎后的花瓣，紧缩闭合只剩中央的一抹蓝。

半开的花露出雄蕊。

等待成熟的果实。

盛开的花可看到雌蕊的柱头。

裂开的果实。

◎ 大花细辛

    大花细辛的花由叶腋中伸展出来，不过由于茎很短，而叶子几乎由地面长出来，再加上叶柄很长，我们常常只留意到它的叶片。首先要先拨开有斑纹的叶片，然后就可以发现花朵藏在其中。

    大花细辛的花没有花瓣，是由三片肉质状的花萼聚集成一个筒状。这暗红色不起眼的花，像迷你的大王花。看着那开口，总是想问一下："请问有人在吗？要不要出来玩？"其实大花细辛的花蕊都藏在里面，并散发出臭味，以吸引蝇虻之类及爬行在地面的昆虫来为它们传粉。

大花细辛的叶片，花朵便藏在有斑纹的叶片之间。

大花细辛的花没有花瓣，是由三片肉质状的花萼聚集成一个筒状。这暗红色不起眼的花，像迷你的大王花。

◎黑果薄柱草

　　在山林中行走观察，常会在中高海拔的潮湿地面或边坡发现黑果薄柱草。小巧玲珑的身影，圆形袖珍绿色的小叶片，玲珑可爱，成片蔓延在路面及坡面。过往一直未曾发现过它们的花，只见到结实累累的黑色果实，这也是名称的由来。

　　一次坐在路旁休息时，仔细端详这小草，竟然发现了它的花朵。真的是好小呀！难怪一直都未曾发现过。淡紫的花搭配着长长的黄色花丝，精巧细致，十分可爱。不过也令人苦恼，考验着自己的摄影技术，要如何才能将它的美记录下来。

蔓延生长在地面的黑果薄柱草，圆形袖珍绿色的小叶片，绿意盎然。

成熟的果实是黑色的。

179

埋藏在地底的小精灵

有些寄生植物平时蛰伏在寄主植物的根部，只有开花时才会伸出地表，让人惊觉它们的存在。除了埋伏在地底的寄生植物之外，还有一种腐生性的植物，一样没有叶绿素，生活在腐殖质丰富的环境中，依靠与真菌的合作来吸取养分，也是开花时才会从地底冒出来。

这是疏花蛇菰的雄花。

◎ 疏花蛇菰

蛇菰类的植物大多生长在森林的底层，寄生在壳斗科植物的根部，台湾有4种蛇菰，其中以疏花蛇菰较为常见。低中海拔山区的阴湿林下山径旁，很容易发现它们的踪影。每年的秋天是绽露芳颜的时候，由地底探露出那鲜红色似蛇似菇的花穗，为阴郁的森林底层装点鲜艳的色彩。

男女有别的疏花蛇菰，雄花及雌花分别开在不同植株上。这是疏花蛇菰的雌花。

◎野菰

美丽的野菰寄生在五节芒、甜根子草等禾本科植物的根部，广泛生长在低海拔地区。每年秋天由地底抽出长长的花茎，淡粉色的花冠与细长的花茎呈现90度的直角状，像烟斗又像拐杖。常常成群聚集生长，好似一幅家庭团聚的温馨景象。

一片不起眼的禾草，很少人会停留下脚步。

淡粉红的花朵，像擦了口红、打扮美丽的小姐。

野菰就藏在里面。每年只有秋天开花时才见得到它们。

常常群聚生长在一起，好像一家四口，还有一位即将出世的小宝贝。

◎天麻

与天麻相遇是在中海拔的森林中，那长长的花茎高达一米，引人注目。天麻是一种腐生性的兰花，没有叶片，开花时直接由地面抽出细长的花茎。小花排列成总状花序，由侧面看，每一朵小花的花瓣滚着蕾丝边，看起来就像戴着蕾丝帽般，十分淡雅可爱。

从侧面看，像戴着蕾丝帽的少女。

正面看像张口大笑具有双下巴的妇女。

天麻是一种腐生性的兰花，透过根部的真菌来吸取养分。生长在腐殖质丰富的森林底层。没有叶子，只有开花时才看得到它。

图书在版编目(CIP)数据

野花 999/黄丽锦著.—北京:商务印书馆,2016
(自然观察丛书)
ISBN 978-7-100-11641-1

Ⅰ.①野… Ⅱ.①黄… Ⅲ.①野生植物—花
卉—普及读物 Ⅳ.①Q949.4-49

中国版本图书馆 CIP 数据核字(2015)第 240460 号

本书由台湾远见天下文化出版股份有限
公司授权出版,限在中国大陆地区发行。
本书由深圳市越众文化传播有限公司策划。

野 花 999

黄丽锦 著

商 务 印 书 馆 出 版
(北京王府井大街 36 号 邮政编码 100710)
商 务 印 书 馆 发 行
北京新华印刷有限公司印刷
ISBN 978-7-100-11641-1

2016 年 1 月第 1 版 开本 889×1240 1/32
2016 年 1 月北京第 1 次印刷 印张 5¾
定价:42.00 元

【参考书目】

◎图书

花与授粉观察事典　沈竞辰　晨星出版社

花的前世今生　邱少婷　自然科学博物馆

花朵的秘密生命　萝赛著　钟友珊译　猫头鹰出版社

身边杂草的愉快生存法则　稻坦荣洋　晨星出版社

台湾野花365天（春夏篇、秋冬篇）张碧员　张蕙芬　吕胜由　傅蕙苓　天下文化出版

野花图鉴(一)(二)　张永仁　远流出版社

野花入门　张永仁　远流出版社

合欢山的彩色精灵　赖国祥　太管处

◎杂志

胡明哲　花园里的心机——植物的性别与演化　科学月刊479：688-693　2009

陈志雄　雌雄易辨哉？植物性别观察　自然科学博物馆馆讯第272期

张坤城　王志强　台湾玉叶金花再发现　自然保育季刊第66期　2009.06

许再文　台湾产水晶兰属植物分类之探讨　自然保育季刊第18期　1997.06

◎参考网站

终身学习网络教材——花的前世今生

http://web2.nmns.edu.tw/flower/home.php

山龙眼科

The Evolution of Proteaceae, in Flower and Leaf

http://www.flwildflowers.com/proteaceae/

王兰与王兰蛾的共同演化

台湾鳞翅学简讯

http://lepidopterology.blogspot.com/2010/08/blog-post_19.html

Celebrating Wildflowers - Pollinator of the Moths -Yucca Moths

http://www.fs.fed.us/wildflowers/pollinators/pollinator-of-the-month/yucca_moths.shtml